中式烹调师

（第2版）

五 级

编审委员会

主　　任　　仇朝东

委　　员　　葛恒双　顾卫东　宋志宏　杨武星　孙兴旺

　　　　　　刘汉成　葛　玮

执行委员　　孙兴旺　张鸿樑　李　晔　瞿伟洁

中国劳动社会保障出版社

图书在版编目(CIP)数据

中式烹调师：五级/上海市职业技能鉴定中心组织编写. —2版. —北京：中国劳动社会保障出版社，2012

1+X职业技能鉴定考核指导手册

ISBN 978-7-5045-9817-2

Ⅰ.①中… Ⅱ.①上… Ⅲ.①烹饪-方法-中国-职业技能-鉴定-自学参考资料 Ⅳ.①TS972.117

中国版本图书馆CIP数据核字(2012)第151200号

中国劳动社会保障出版社出版发行
（北京市惠新东街1号　邮政编码：100029）
出　版　人：张梦欣

＊

三河市华骏印务包装有限公司印刷装订　新华书店经销
787毫米×960毫米　16开本　9.5印张　153千字
2012年7月第2版　2022年11月第11次印刷
定价：20.00元
营销中心电话：400-606-6496
出版社网址：http://www.class.com.cn

版权专有　　　侵权必究

如有印装差错，请与本社联系调换：(010) 81211666
我社将与版权执法机关配合，大力打击盗印、销售和使用盗版图书活动，敬请广大读者协助举报，经查实将给予举报者奖励。
举报电话：(010) 64954652

改版说明

1+X职业技能鉴定考核指导手册《中式烹调师（五级）》自2009年出版以来深受从业人员的欢迎，在中式烹调师（五级）职业资格鉴定、职业技能培训和岗位培训中发挥了很大的作用。

随着我国科技进步、产业结构调整、市场经济的不断发展，新的国家和行业标准的相继颁布和实施，对五级中式烹调师的职业技能提出了新的要求。2011年上海市职业技能鉴定中心组织有关方面的专家和技术人员，对中式烹调师的鉴定考核题库进行了提升，计划于2012年公布使用，并按照新的五级中式烹调师职业技能鉴定题库对指导手册进行了改版，以便更好地为参加培训鉴定的学员和广大从业人员服务。

前　言

职业资格证书制度的推行，对广大劳动者系统地学习相关职业的知识和技能，提高就业能力、工作能力和职业转换能力有着重要的作用和意义，也为企业合理用工以及劳动者自主择业提供了依据。

随着我国科技进步、产业结构调整以及市场经济的不断发展，特别是加入世界贸易组织以后，各种新兴职业不断涌现，传统职业的知识和技术也愈来愈多地融进当代新知识、新技术、新工艺的内容。为适应新形势的发展，优化劳动力素质，上海市人力资源和社会保障局在提升职业标准、完善技能鉴定方面做了积极的探索和尝试，推出了1+X培训鉴定模式。1+X中的1代表国家职业标准，X是为适应上海市经济发展的需要，对职业标准进行的提升，包括了对职业的部分知识和技能要求进行的扩充和更新。上海市1+X的培训鉴定模式，得到了国家人力资源和社会保障部的肯定。

为配合上海市开展的1+X培训与鉴定考核的需要，使广大职业培训鉴定领域专家以及参加职业培训鉴定的考生对考核内容和具体考核要求有一个全面的了解，人力资源和社会保障部教材办公室、中国就业培训技术指导中心上海分中心、上海市职业技能鉴定中心联合组织有关方面的专家、技术人员共同编写了《1+X职业技能鉴定考核指导手册》。该手册由"理论知识复习题""操作技能复习题"和"理论知识模拟试卷及操作技能模拟试卷"三大块内容组成，书中介绍了题库的命题依据、试卷结构和题型题量，同时从上海市1+X鉴定题库中抽取部分理论知识试题、操作技能试题和模拟样卷供考生参考和练习，便于考生能够有针对性地进行考前复习准备。今后我们会随着国家职业标准以及鉴定题库的提升，逐步对手册内容进行补充和完善。

  本系列手册在编写过程中，得到了有关专家和技术人员的大力支持，在此一并表示感谢。

  由于时间仓促，缺乏经验，如有不足之处，恳请各使用单位和个人提出宝贵意见和建议。

1+X职业技能鉴定考核指导手册
编审委员会

目 录

CONTENTS 1+X职业技能鉴定考核指导手册

中式烹调师职业简介 …………………………………………………（1）

第1部分　中式烹调师（五级）鉴定方案 ……………………………（2）

第2部分　鉴定要素细目表 ……………………………………………（4）

第3部分　理论知识复习题 ……………………………………………（19）

　　中式烹调概述 …………………………………………………………（19）

　　常用烹饪原料 …………………………………………………………（20）

　　原料的加工 ……………………………………………………………（24）

　　烹调基础知识 …………………………………………………………（29）

　　菜肴烹制前的准备 ……………………………………………………（39）

　　厨房卫生与安全 ………………………………………………………（45）

　　刀工操作 ………………………………………………………………（47）

　　焖、烧类菜肴的烹制方法 ……………………………………………（48）

爆、炒类菜肴的烹制方法 …………………………………………（48）

炸、熘类菜肴的烹制方法 …………………………………………（49）

烩、氽、煮类菜肴的烹制方法 ……………………………………（50）

冷菜制作 ……………………………………………………………（50）

第4部分　操作技能复习题 ………………………………………（52）

分档取料 ……………………………………………………………（52）

动物性原料加工成形 ………………………………………………（53）

植物性原料加工成形 ………………………………………………（56）

剞花刀 ………………………………………………………………（59）

单拼冷盆制作 ………………………………………………………（61）

双拼冷盆制作 ………………………………………………………（64）

炒（肉丝）类菜肴制作 ……………………………………………（64）

焖、烧类菜肴制作 …………………………………………………（69）

炸、熘、爆类菜肴制作 ……………………………………………（81）

烩、煮、氽类菜肴制作 ……………………………………………（93）

第5部分　理论知识考试模拟试卷及答案 ………………………（106）

第6部分　操作技能考核模拟试卷 ………………………………（116）

中式烹调师职业简介

一、职业名称

中式烹调师。

二、职业定义

运用煎、炒、炸、熘、爆、煸、蒸、烧、煮等多种烹调技法,根据成菜要求,对烹饪原料、辅料、调料进行加工,制作中式菜肴的人员。

三、主要工作内容

从事的工作主要包括:(1)根据菜肴品种、风味的不同,辨别选用原料,去掉原料中的非食用部分;(2)对畜、禽、水产品进行净料加工,分档取料和蒸料出骨,运用不同的涨发技术,对干货原料进行涨发;(3)根据不同的烹调方法和成菜要求,采用切、片、斩、剖、剁等刀法把原料切配成所需形状,使原料易于成熟和便于入味;(4)调制芡、浆、糊,对不同菜品原料进行相应的挂糊上浆;(5)运用焯水、过油、汽蒸、酱制等技法对原料进行初步与熟处理,缩短菜肴成熟时间;(6)根据配质、配色、配形、配器的配菜原则合理配菜;(7)根据菜品的要求、原料的具体情况、调味的原则方法,选择调味品,控制其用量、投放的时间和顺序,合理调味;(8)对已加工切配后的原料运用炒、熘、爆、蒸、煮、烧等烹调技法使之成熟,达到营养和质量要求;(9)采用摆、叠、堆、围、扎、卷、雕刻等手法制作造型不同的冷菜;(10)整形装盘;(11)根据顾客要求编制菜单。

第1部分 中式烹调师（五级）鉴定方案

一、鉴定方式

中式烹调师（五级）的鉴定方式分为理论知识考试和操作技能考核。理论知识考试采用闭卷计算机机考方式，操作技能考核采用现场实际操作方式。理论知识考试和操作技能考核均实行百分制，成绩皆达 60 分及以上者为合格。理论知识或操作技能不及格者可按规定分别补考。

二、理论知识考试方案（考试时间 90 min）

题型 \ 题库参数	考试方式	鉴定题量	分值（分/题）	配分（分）
判断题	闭卷机考	60	0.5	30
单项选择题		70	1	70
小计	—	130	—	100

三、操作技能考核方案

考核项目表

职业（工种）			中式烹调师		等级		五级	
职业代码								
序号	项目名称	单元编号	单元内容		考核方式	选考方法	考核时间（min）	配分（分）
1	刀工	1	分档取料		操作	必考	8	10
		2	动物性原料加工成形		操作	必考	10	10
		3	植物性原料加工成形		操作	必考	8	8
		4	剞花刀		操作	必考	10	8
2	冷盆制作	1	单拼冷盆制作		操作	必考	10	7
		2	双拼冷盆制作		操作	必考	15	7
3	热菜制作	1	炒（肉丝）类菜肴制作		操作	必考	30	18
		2	焖、烧类菜肴制作		操作	必考	12	12
		3	炸、熘、爆类菜肴制作		操作	必考	12	12
		4	烩、煮、氽类菜肴制作		操作	必考	12	8
合计							127	100

第 2 部分

鉴定要素细目表

职业（工种）名称				中式烹调师	等级	五级
职业代码						
序号	鉴定点代码			鉴定点内容		备注
	章	节	目	点		
	1				中式烹调概述	
	1	1			烹调与烹饪	
	1	1	1		烹调与烹饪的定义	
1	1	1	1	1	烹调的定义	
2	1	1	1	2	烹饪的定义	
	1	1	2		烹调的作用	
3	1	1	2	1	烹的作用	
4	1	1	2	2	调的作用	
	1	2			中国菜	
	1	2	1		中国菜的特点	
5	1	2	1	1	中国菜的特点	
	1	3			厨师应具备的素质	
	1	3	1		厨师应具备的素质	
6	1	3	1	1	厨师应具备的素质	
	2				常用烹饪原料	
	2	1			家畜的品种及特点	
	2	1	1		常用家畜简介	

续表

职业（工种）名称				中式烹调师	等级	五级
职业代码						
序号	鉴定点代码			鉴定点内容	备注	
	章	节	目	点		
7	2	1	1	1	常用家畜简介（一）	
8	2	1	1	2	常用家畜简介（二）	
	2	1	2		常用家畜脏杂的品种特点	
9	2	1	2	1	常用家畜脏杂的品种特点	
	2	2			家禽的品种特点及各类蛋品的特点	
	2	2	1		家禽的品种特点及各类蛋品的特点	
10	2	2	1	1	家禽的品种特点（一）	
11	2	2	1	2	家禽的品种特点（二）	
12	2	2	1	3	各类蛋品的特点	
	2	3			水产原料的品种及特点	
	2	3	1		海产鱼类	
13	2	3	1	1	海产鱼类（一）	
14	2	3	1	2	海产鱼类（二）	
15	2	3	1	3	海产鱼类（三）	
	2	3	2		淡水鱼类	
16	2	3	2	1	淡水鱼类（一）	
17	2	3	2	2	淡水鱼类（二）	
18	2	3	2	3	淡水鱼类（三）	
	2	3	3		虾蟹类	
19	2	3	3	1	虾类	
20	2	3	3	2	蟹类	
	2	3	4		贝类	
21	2	3	4	1	贝类（一）	
22	2	3	4	2	贝类（二）	
	2	3	5		其他水产品	
23	2	3	5	1	其他水产品	

续表

职业（工种）名称				中式烹调师	等级	五级
职业代码						
序号	鉴定点代码			鉴定点内容	备注	
	章	节	目	点		
	2	4			蔬果类原料的品种及特点	
	2	4	1		叶菜类	
24	2	4	1	1	叶菜类（一）	
25	2	4	1	2	叶菜类（二）	
	2	4	2		根茎类	
26	2	4	2	1	根茎类（一）	
27	2	4	2	2	根茎类（二）	
	2	4	3		瓜果豆类	
28	2	4	3	1	瓜类蔬菜	
29	2	4	3	2	茄果类蔬菜	
30	2	4	3	3	豆类蔬菜	
	2	4	4		豆制品	
31	2	4	4	1	豆制品	
	2	4	5		花类蔬菜	
32	2	4	5	1	花类蔬菜	
	2	4	6		孢子植物类	
33	2	4	6	1	孢子植物类	
	2	4	7		果品	
34	2	4	7	1	果品（一）	
35	2	4	7	2	果品（二）	
	2	5			干货原料的品种及特点	
	2	5	1		动物类干料	
36	2	5	1	1	动物类干料（一）	
37	2	5	1	2	动物类干料（二）	
	2	5	2		植物类干料	
38	2	5	2	1	植物类干料（一）	

续表

职业（工种）名称				中式烹调师	等级	五级
职业代码						
序号	鉴定点代码				鉴定点内容	备注
	章	节	目	点		
39	2	5	2	2	植物类干料（二）	
	3				原料的加工	
	3	1			原料的加工工具和设备的使用与保养	
	3	1	1		刀具的种类与保养	
40	3	1	1	1	刀具的种类	
41	3	1	1	2	刀具的保养	
	3	1	2		砧板的选择与保养	
42	3	1	2	1	砧板的选择与保养	
	3	1	3		绞肉机的使用和保养	
43	3	1	3	1	绞肉机的使用和保养	
	3	1	4		微波炉的使用和保养	
44	3	1	4	1	微波炉的使用和保养	
	3	1	5		冰箱的使用要领与日常维护	
45	3	1	5	1	冰箱的使用要领与日常维护	
	3	2			原料粗加工	
	3	2	1		蔬菜的整理与洗涤	
46	3	2	1	1	叶菜类粗加工	
47	3	2	1	2	根茎类菜的粗加工	
48	3	2	1	3	花、果类菜的粗加工	
	3	2	2		家畜下水的粗加工	
49	3	2	2	1	家畜下水加工的方法和实例	
	3	2	3		禽类的宰杀和洗涤	
50	3	2	3	1	禽类加工法	
51	3	2	3	2	部分禽类加工实例	
	3	2	4		水产类原料初加工	
52	3	2	4	1	水产类原料初加工的一般方法和实例	

续表

序号	鉴定点代码				鉴定点内容	备注
	章	节	目	点		
	3	3			原料拆骨取肉加工	
	3	3	1		猪前后腿拆骨取肉	
53	3	3	1	1	猪前后腿拆骨取肉	
	3	3	2		家禽的分档取料和拆骨取肉	
54	3	3	2	1	鸡的部位取料	
55	3	3	2	2	鸡的拆骨取肉	
	3	3	3		鱼的分档取料和拆骨取料	
56	3	3	3	1	鱼的部位取料	
57	3	3	3	2	鱼的拆骨取料	
	3	3	4		黄鳝加工	
58	3	3	4	1	鳝背加工	
59	3	3	4	2	鳝段加工	
60	3	3	4	3	鳝筒加工	
61	3	3	4	4	鳝丝加工	
	3	3	5		虾的加工	
62	3	3	5	1	虾的加工	
	3	3	6		蟹的加工	
63	3	3	6	1	蟹的加工	
	3	4			常用刀工技法及原料成形	
	3	4	1		刀工的定义及作用	
64	3	4	1	1	刀工的定义及作用	
	3	4	2		刀工技法	
65	3	4	2	1	刀工技法的定义	
66	3	4	2	2	直刀法（一）	
67	3	4	2	3	直刀法（二）	
68	3	4	2	4	平刀法	

职业（工种）名称：中式烹调师　等级：五级
职业代码：

续表

职业（工种）名称				中式烹调师	等级	五级
职业代码						
序号	鉴定点代码				鉴定点内容	备注
	章	节	目	点		
69	3	4	2	5	斜刀法	
70	3	4	2	6	其他刀法	
	3	4	3		原料成形	
71	3	4	3	1	原料成形（一）	
72	3	4	3	2	原料成形（二）	
73	3	4	3	3	原料成形（三）	
	3	4	4		刀工注意事项	
74	3	4	4	1	刀工注意事项	
	4				烹调基础知识	
	4	1			烹调工具与设备	
	4	1	1		烹调工具	
75	4	1	1	1	烹调工具（一）	
76	4	1	1	2	烹调工具（二）	
	4	1	2		烹调设备	
77	4	1	2	1	炉	
78	4	1	2	2	灶	
	4	2			临灶操作	
	4	2	1		临灶姿势	
79	4	2	1	1	临灶姿势	
	4	2	2		翻锅	
80	4	2	2	1	小翻	
81	4	2	2	2	大翻	
	4	2	3		出锅装盘	
82	4	2	3	1	出锅装盘	
	4	3			掌握火候	
	4	3	1		火候的概念	

续表

职业（工种）名称				中式烹调师	等级	五级
职业代码						
序号	鉴定点代码			鉴定点内容	备注	
	章	节	目	点		
83	4	3	1	1	火候的概念	
	4	3	2		火力的鉴别	
84	4	3	2	1	火力的鉴别	
	4	3	3		火力的传导与传热介质	
85	4	3	3	1	油	
86	4	3	3	2	水	
87	4	3	3	3	蒸汽	
88	4	3	3	4	直火辐射	
	4	3	4		掌握火候的要点	
89	4	3	4	1	根据原料性质确定火候	
90	4	3	4	2	根据原料形态确定火候	
91	4	3	4	3	根据不同性质菜肴确定火候	
92	4	3	4	4	掌握火候过程中需要考虑的因素	
	4	4			识别油温	
	4	4	1		油传热的特点	
93	4	4	1	1	油传热的特点	
	4	4	2		油温的成数及油的变化	
94	4	4	2	1	油温的成数	
95	4	4	2	2	油的变化	
	4	4	3		掌握油温的要点	
96	4	4	3	1	火力情况	
97	4	4	3	2	原料情况	
98	4	4	3	3	投料数量	
	4	5			勾芡	
	4	5	1		勾芡的概念	
99	4	5	1	1	勾芡的概念	

续表

职业（工种）名称				中式烹调师	等级	五级
职业代码						
序号	鉴定点代码			鉴定点内容	备注	
	章	节	目	点		
	4	5	2		勾芡的作用	
100	4	5	2	1	勾芡的作用（一）	
101	4	5	2	2	勾芡的作用（二）	
102	4	5	2	3	勾芡的作用（三）	
103	4	5	2	4	勾芡的作用（四）	
	4	5	3		勾芡的原料及特点	
104	4	5	3	1	绿豆淀粉和土豆淀粉的特点	
105	4	5	3	2	玉米淀粉和麦淀粉的特点	
106	4	5	3	3	蚕豆淀粉和山芋淀粉的特点	
	4	5	4		勾芡的种类	
107	4	5	4	1	按芡汁稠度的分类	
108	4	5	4	2	厚芡	
109	4	5	4	3	薄芡	
	4	5	5		勾芡的基本手法	
110	4	5	5	1	拌	
111	4	5	5	2	浇	
112	4	5	5	3	淋	
	4	5	6		勾芡的操作要领	
113	4	5	6	1	勾芡的操作要领（一）	
114	4	5	6	2	勾芡的操作要领（二）	
	4	6			调味	
	4	6	1		调味的概念	
115	4	6	1	1	调味的概念	
	4	6	2		基础味型	
116	4	6	2	1	基础味型（一）	
117	4	6	2	2	基础味型（二）	

续表

职业（工种）名称				中式烹调师	等级	五级
职业代码						
序号	鉴定点代码			鉴定点内容	备注	
	章	节	目	点		
	4	6	3		复合味型	
118	4	6	3	1	复合味型（一）	
119	4	6	3	2	复合味型（二）	
	4	6	4		调味方式	
120	4	6	4	1	加热前调味	
121	4	6	4	2	加热中调味	
122	4	6	4	3	加热后调味	
	4	6	5		调味要掌握的原则	
123	4	6	5	1	调味要掌握的原则（一）	
124	4	6	5	2	调味要掌握的原则（二）	
	4	6	6		调味品的保管与合理放置	
125	4	6	6	1	选择器皿	
126	4	6	6	2	保存环境	
127	4	6	6	3	科学保管	
128	4	6	6	4	合理放置	
	4	7			菜肴装盘技术	
	4	7	1		装盘的要求及盛器的配合	
129	4	7	1	1	菜肴盛装的重要性	
130	4	7	1	2	菜肴盛装的要求	
131	4	7	1	3	盛具的种类（一）	
132	4	7	1	4	盛具的种类（二）	
133	4	7	1	5	盛具与菜肴的配合原则（一）	
134	4	7	1	6	盛具与菜肴的配合原则（二）	
	4	7	2		冷菜装盘	
135	4	7	2	1	冷菜拼摆的形式	
136	4	7	2	2	冷菜拼摆的手法	

续表

职业（工种）名称				中式烹调师	等级	五级
职业代码						
序号	鉴定点代码				鉴定点内容	备注
	章	节	目	点		
	4	7	3		热菜装盘	
137	4	7	3	1	炸、炒、熘、爆菜的盛装法	
138	4	7	3	2	烧、炖、焖菜的盛装法	
139	4	7	3	3	烩菜的盛装法	
140	4	7	3	4	汤菜的盛装法	
141	4	7	3	5	整只或大块菜肴的盛装法	
	5				菜肴烹制前的准备	
	5	1			焯水	
	5	1	1		焯水的概念和作用	
142	5	1	1	1	焯水的概念	
143	5	1	1	2	焯水的作用	
	5	1	2		焯水的方法	
144	5	1	2	1	冷水锅的焯	
145	5	1	2	2	沸水锅的焯	
	5	1	3		焯水对原料的影响	
146	5	1	3	1	焯水对原料的影响	
	5	1	4		焯水的操作要领	
147	5	1	4	1	焯水的操作要领	
	5	2			走油、上色和汽蒸	
	5	2	1		走油	
148	5	2	1	1	走油的概念	
149	5	2	1	2	走油的操作要领	
	5	2	2		上色	
150	5	2	2	1	上色的作用	
151	5	2	2	2	上色的方法	
152	5	2	2	3	上色的操作要领	

续表

职业（工种）名称				中式烹调师	等级	五级
职业代码						
序号	鉴定点代码			鉴定点内容	备注	
	章	节	目	点		
	5	2	3		汽蒸	
153	5	2	3	1	汽蒸的作用	
154	5	2	3	2	汽蒸的方法	
	5	3			糊浆处理	
	5	3	1		糊浆处理	
155	5	3	1	1	糊、浆的概念	
	5	3	2		糊、浆的区别	
156	5	3	2	1	挂糊和上浆的区别	
	5	3	3		挂糊	
157	5	3	3	1	挂糊的作用	
158	5	3	3	2	粉糊的调制	
159	5	3	3	3	粉糊调制的关键点	
	5	3	4		上浆	
160	5	3	4	1	上浆的作用	
161	5	3	4	2	上浆的种类	
162	5	3	4	3	上浆的关键	
	5	3	5		拍粉	
163	5	3	5	1	拍粉的作用	
164	5	3	5	2	拍粉的形式	
	5	4			配菜	
	5	4	1		配菜的概念	
165	5	4	1	1	配菜的概念	
	5	4	2		配菜的重要性	
166	5	4	2	1	配菜的重要性（一）	
167	5	4	2	2	配菜的重要性（二）	
168	5	4	2	3	配菜的重要性（三）	

续表

职业（工种）名称				中式烹调师	等级	五级
序号	鉴定点代码				鉴定点内容	备注
	章	节	目	点		
169	5	4	2	4	配菜的重要性（四）	
	5	4	3		配菜的基本方法	
170	5	4	3	1	单一料的配合	
171	5	4	3	2	主料与辅料的配合	
172	5	4	3	3	不分主辅料的配合	
	5	4	4		色、香、味、形的配合	
173	5	4	4	1	色的配合	
174	5	4	4	2	香与味的配合	
175	5	4	4	3	形状的配合	
	5	4	5		配菜的基本要求	
176	5	4	5	1	配菜的基本要求	
	5	5			排菜	
	5	5	1		排菜的概念	
177	5	5	1	1	排菜的概念	
	5	5	2		排菜的重要性	
178	5	5	2	1	排菜的重要性	
	5	5	3		排菜的流程	
179	5	5	3	1	排菜的流程	
	5	5	4		排菜的要求	
180	5	5	4	1	排菜的要求	
	6				厨房卫生与安全	
	6	1			饮食卫生	
	6	1	1		店堂卫生	
181	6	1	1	1	店堂卫生的具体要求	
	6	1	2		个人卫生	
182	6	1	2	1	个人卫生的具体要求	

续表

职业（工种）名称				中式烹调师	等级	五级
职业代码						
序号	鉴定点代码			鉴定点内容		备注
	章	节	目	点		
	6	1	3		用具卫生	
183	6	1	3	1	用具卫生的具体要求	
	6	1	4		食品卫生法规	
184	6	1	4	1	食品卫生法规	
	6	2			预防食物中毒	
	6	2	1		食物中毒的种类	
185	6	2	1	1	细菌性食物中毒	
186	6	2	1	2	有毒动植物中毒	
187	6	2	1	3	化学中毒	
	6	2	2		预防食物中毒的措施	
188	6	2	2	1	预防食物中毒的措施	
	6	3			厨房操作安全	
	6	3	1		厨房操作需要防备的各类事故	
189	6	3	1	1	防割伤、跌伤、扭伤	
190	6	3	1	2	防烫伤、电击伤	
191	6	3	1	3	防火灾和煤气中毒	
	7				刀工操作	
	7	1			刀工操作姿势和要求	
	7	1	1		操作姿势	
192	7	1	1	1	操作姿势	
	7	1	2		操作要求	
193	7	1	2	1	操作要求	
	8				焖、烧类菜肴的烹制方法	
	8	1			焖、烧概述	
	8	1	1		焖、烧概述	
194	8	1	1	1	焖的概念	

续表

职业（工种）名称				中式烹调师	等级	五级
职业代码						
序号	鉴定点代码				鉴定点内容	备注
	章	节	目	点		
195	8	1	1	2	烧的概念	
	9				爆、炒类菜肴的烹制方法	
	9	1			爆、炒概述	
	9	1	1		爆、炒概述	
196	9	1	1	1	爆的概念	
197	9	1	1	2	炒的概念	
	10				炸、熘类菜肴的烹制方法	
	10	1			炸、熘概述	
	10	1	1		炸	
198	10	1	1	1	炸的概念	
199	10	1	1	2	炸的特点	
	10	1	2		熘	
200	10	1	2	1	熘的概念	
201	10	1	2	2	熘的分类	
	11				烩、氽、煮类菜肴的烹制方法	
	11	1			烩、氽、煮概述	
	11	1	1		烩、氽、煮概述	
202	11	1	1	1	烩的概念	
203	11	1	1	2	氽和煮的概念	
	12				冷菜制作	
	12	1			冷菜概述	
	12	1	1		冷菜的特性	
204	12	1	1	1	冷菜的特性	
	12	1	2		冷菜与热菜的异同	

续表

职业（工种）名称					中式烹调师	等级	五级
职业代码							
序号	鉴定点代码				鉴定点内容		备注
	章	节	目	点			
205	12	1	2	1	烹制特点		
206	12	1	2	2	品种特点		
207	12	1	2	3	风味和质感		

第3部分
理论知识复习题

中式烹调概述

一、判断题（将判断结果填入括号中。正确的填"√"，错误的填"×"）

1. 烹调就是火和盐的结合。 （   ）
2. 食物原料经加热，并使之成熟即为烹饪。 （   ）
3. 烹的作用是构成复合美味、除异味、定口味。 （   ）
4. 调的作用是除异味、增美味、定口味及添色彩。 （   ）
5. 中国菜的特点是选料广博、切配讲究、烹调方法繁多、菜品丰富、特色鲜明。

（   ）

6. 中国菜的特点是选料复杂、切配简单、烹调方法单一、菜品丰富、特色鲜明。

（   ）

7. 厨师应具备的素质之一是良好的厨德。 （   ）

二、单项选择题（选择一个正确的答案，将相应的字母填入题内的括号中）

1. 烹调就是（   ）和调的结合。

   A. 烹　　　　　B. 盐　　　　　C. 蒸　　　　　D. 煮

2. 烹调就是烹和（   ）的结合。

   A. 盐　　　　　B. 调　　　　　C. 蒸　　　　　D. 煮

3. 烹的作用是（   ）、增香、构成复合美味、增色美形及分解养料，便于吸收。

A. 杀菌消毒　　　B. 除异味　　　C. 定口味　　　D. 调和滋味
4. 烹的作用是杀菌消毒、（　　）、构成复合美味、增色美形及分解养料。
A. 除异味　　　B. 增香　　　C. 定口味　　　D. 调和滋味
5. 中国菜的特点是（　　）、切配讲究、烹调方法繁多、菜品丰富、特色鲜明。
A. 材料单一　　　B. 选料复杂　　　C. 选料广博　　　D. 选料随意
6. 厨师应具备（　　）、丰富的烹调理论知识、娴熟的烹饪技术。
A. 良好的厨德　　　　　　　　B. 良好的身体素质
C. 良好的口才　　　　　　　　D. 良好的性格

常用烹饪原料

一、判断题（将判断结果填入括号中。正确的填"√"，错误的填"×"）

1. 常用家畜有牛、猪、羊、驴等。　　　　　　　　　　　　　　　　　　　（　　）
2. 常用家畜有鸡、鸭、鹅等。　　　　　　　　　　　　　　　　　　　　　（　　）
3. 常用家畜脏杂中，猪肝的主要特点是细胞成分多，质地柔软，嫩而多汁。（　　）
4. 常用家畜脏杂中，猪肝的主要特点是细胞成分少，质地坚硬，老而少汁。（　　）
5. 北京填鸭肌肉纤维之间夹杂着白色脂肪，细腻鲜亮，适宜烧烤。　　　　（　　）
6. 鹅与鸡、鸭相比，肉质较粗，且有腥味，作为烹饪原料，其应用不如鸡、鸭广泛。
　　　　　　　　　　　　　　　　　　　　　　　　　　　　　　　　　　（　　）
7. 鲥鱼刺多，肉细嫩，味醇香，鳞下脂肪很多，为腌制咸鱼的重要原料。（　　）
8. 鳕鱼的肉、骨、肝均可药用。　　　　　　　　　　　　　　　　　　　（　　）
9. 老虎鱼肉质极美，集鲜、甜、嫩、滑于一身。　　　　　　　　　　　　（　　）
10. 我国以舟山群岛出产鱿鱼最多。　　　　　　　　　　　　　　　　　（　　）
11. 草鱼肉白色、细嫩、有弹性、多刺、味美。　　　　　　　　　　　　（　　）
12. 黑鱼肉肥味美，但皮厚，不适宜起肉制鱼片、鱼丝、鱼丁。　　　　　（　　）
13. 鲂鱼以秋冬季产的最肥。　　　　　　　　　　　　　　　　　　　　（　　）
14. 白条虾产于湖、河等淡水中，春季出产。　　　　　　　　　　　　　（　　）

15. 螃蟹一般以中秋节前后为盛产期。（　）
16. 牡蛎除鲜食外，还可加工成蚝油。（　）
17. 文蛤又名赤贝、麻蚶，分布于近海泥沙质的海底。（　）
18. 圆鱼肉肥嫩，味道醇厚，富含蛋白质，营养价值高，为高级滋补食品。（　）
19. 圆鱼即鳖，又名元鱼、甲鱼等。（　）
20. 卷心菜又称结球甘蓝、包心菜、圆白菜或洋白菜等。（　）
21. 蕹菜为夏、秋高温季节的蔬菜。（　）
22. 马铃薯又名土豆，被一些国家称为"蔬菜之王"和"第二面包"。（　）
23. 冬笋、春笋和鞭笋中，鞭笋色白质脆，味鲜，质量最佳。（　）
24. 西葫芦脆嫩清爽，在烹调中多切片使用。（　）
25. 玉米笋又名珍珠笋，色泽淡黄，细嫩鲜香，味清淡微甜。（　）
26. 嫩茄子皮色光亮，皮厚而紧，肉坚实，籽肉易分离，籽硬，重量大。（　）
27. 豆腐干是凝结成的豆腐经重压，除去水分后定型而制成的。（　）
28. 传统豆腐又分为北豆腐和南豆腐，北豆腐较嫩，南豆腐较老。（　）
29. 茎椰菜通称青花菜，又称西兰花。（　）
30. 孢子植物类包括食用菌、可食用的藻类及地衣类等低等植物。（　）
31. 苹果是世界"四大水果"之一。（　）
32. 荔枝又名丹荔，为我国南方特产珍果。（　）
33. 菠萝有利尿消肿的功效。（　）
34. 鱿鱼是软体动物，海蜇是腔肠动物。（　）
35. 琼脂是一种多糖胶质。（　）
36. 白果有微毒，不宜多食。（　）

二、单项选择题（选择一个正确的答案，将相应的字母填入题内的括号中）

1. 育龄（　）年的猪，肉质最好，鲜嫩，味美。
　　A. 半　　　　B. 1～2　　　　C. 2～3　　　　D. 3～4
2. 黄牛肉的肌间脂肪为（　），肉质较好。
　　A. 白色　　　B. 乳白色　　　C. 黄色　　　　D. 淡黄色

3. 常用家畜脏杂中，猪肝的主要特点是细胞成分多和（　　）。
   A. 质地老韧　　　B. 老而多汁　　　C. 质地坚硬　　　D. 嫩而多汁
4. （　　）味淡不鲜，肉质无弹性，有时肉中杂有较重的腥味，故做菜时一般要以较浓的调味来掩盖其自身的不足。
   A. 童子鸡　　　　B. 成年鸡　　　　C. 三黄鸡　　　　D. 肉用鸡
5. 火鸡肉质较老，口感（　　），营养丰富。
   A. 肥香　　　　　B. 细腻　　　　　C. 柔韧　　　　　D. 清淡
6. （　　）有祛寒、补血、益气的功能，是宴席中的名贵原料。
   A. 鸡蛋　　　　　B. 鸭蛋　　　　　C. 鹅蛋　　　　　D. 鸽蛋
7. 带鱼一般体长 60～120 cm，其中（　　）带鱼体形偏小。
   A. 渤海　　　　　B. 黄海　　　　　C. 东海　　　　　D. 南海
8. 半滑舌鳎鳞小，（　　），味鲜醇厚，是上等名贵海鱼。
   A. 肉硬　　　　　B. 肉松　　　　　C. 肉紧　　　　　D. 肉嫩
9. （　　）是所有带"衣"字的鱼中最名贵的，肉质异常鲜嫩。
   A. 青衣　　　　　B. 绿衣　　　　　C. 黄衣　　　　　D. 蓝衣
10. 鲥鱼（　　）的脂肪丰富，烹制时脂肪溶化于肉，更增添了鱼肉的鲜嫩滋味。
    A. 鳞下　　　　　B. 皮下　　　　　C. 腹部　　　　　D. 肉中
11. 鳗鲡肉质细嫩、肥润，蛋白质和脂肪含量（　　），是我国高级的江河性洄游鱼类之一。
    A. 很少　　　　　B. 较少　　　　　C. 一般　　　　　D. 很高
12. （　　）烹调后味似鸡肉，有"水中之鸡"的美誉。
    A. 鲂鱼　　　　　B. 罗非鱼　　　　C. 虹鳟鱼　　　　D. 黄颡鱼
13. 我国沿海均产梭子蟹，以（　　）所产最为著名。
    A. 广东　　　　　B. 福建　　　　　C. 浙江　　　　　D. 渤海湾
14. 河蚌肉呈（　　），味鲜，加工后宜红烧、烩、炒等。
    A. 白色　　　　　B. 灰褐色　　　　C. 橘黄色　　　　D. 淡黄色
15. 以下贝类中，（　　）闭壳肌的干制品即为干贝。

A. 扇贝　　　　　B. 江珧贝　　　　C. 日月贝　　　　D. 鲜带子

16. 在（　　）月份生殖季节,海胆的生殖腺充满了整个壳体,剪开即可食用。
    A. 4—5　　　　B. 5—6　　　　　C. 6—7　　　　　D. 7—8

17. 霜降后,青菜中的（　　）转化为葡萄糖,因而味略甜。
    A. 蛋白质　　　B. 维生素　　　　C. 淀粉　　　　　D. 矿物质

18. 茴香苗具有强烈的芳香气味,在烹调中多用于（　　）。
    A. 增香　　　　B. 调味　　　　　C. 面点馅心　　　D. 去腥

19. 莼菜质地柔滑,多用于（　　）。
    A. 做汤　　　　B. 调味　　　　　C. 面点馅心　　　D. 去腥

20. 以下萝卜中,（　　）肉质根粗大,品质优良,产量高,耐储藏。
    A. 春萝卜　　　B. 夏秋萝卜　　　C. 四季萝卜　　　D. 冬萝卜

21. 嫩姜一般在（　　）月份收获,可直接当配料做菜。
    A. 7　　　　　　B. 8　　　　　　 C. 9　　　　　　 D. 10

22. 目前栽培最多、最广泛的辣椒是灯笼椒类和（　　）。
    A. 樱桃椒类　　B. 圆锥椒类　　　C. 生椒类　　　　D. 长角椒类

23. 番茄又称西红柿,原产于（　　）,是目前世界上大面积栽培的蔬菜之一。
    A. 亚洲　　　　B. 澳洲　　　　　C. 欧洲　　　　　D. 南美洲

24. 腐竹和豆皮蛋白质含量高达（　　）左右,称得上植物原料含蛋白质之最。
    A. 45%　　　　B. 50%　　　　　C. 55%　　　　　D. 60%

25. 花椰菜主茎顶端形成的肥大花球,为原始的（　　）和花蕾。
    A. 花茎　　　　B. 花枝　　　　　C. 花轴　　　　　D. 花苞

26. 平菇的菌盖呈（　　）或平展呈喇叭形。
    A. 圆形　　　　B. 扇形　　　　　C. 伞形　　　　　D. 椭圆形

27. （　　）是毛柄金钱菌的栽培变形体。
    A. 金针菇　　　B. 平菇　　　　　C. 香菇　　　　　D. 蘑菇

28. 哈密瓜味浓香甜,含糖量一般可达（　　）。
    A. 4%～8%　　 B. 7%～12%　　　C. 8%～15%　　　D. 15%～20%

29. 以下水果中，（　　）的含铁量在水果中居首位。
   A. 荔枝　　　　B. 山楂　　　　C. 草莓　　　　D. 樱桃
30. 海米又称虾米，以产于龙须岛的（　　）质量最优。
   A. 勾米　　　　B. 金钩米　　　C. 河米　　　　D. 湖米
31. 乌鱼蛋主要产于（　　）。
   A. 大连　　　　B. 青岛　　　　C. 威海　　　　D. 山东日照
32. （　　）是蘑菇类中营养价值最高的一种。
   A. 蘑菇　　　　B. 口蘑　　　　C. 香菇　　　　D. 草菇
33. 核桃仁含丰富的脂肪和蛋白质，一般可达（　　）以上，为著名的滋补食品。
   A. 50%　　　　B. 55%　　　　C. 60%　　　　D. 65%

原料的加工

一、判断题（将判断结果填入括号中。正确的填"√"，错误的填"×"）

1. 刀具按其作用来分，一般可分为批刀、斩刀和前批后斩刀3种。（　　）
2. 刀具按其作用来分，一般可分为圆刀头、方刀头和马刀头3种。（　　）
3. 刀用完后，可用洁布擦干或涂少许油。（　　）
4. 砧板用完后应刮洗干净，竖起，用洁布罩好，放通风处备用。（　　）
5. 砧板用完后应刮洗干净，竖起，用洁布罩好，放阳光下晒干，以备再用。（　　）
6. 绞肉机用毕，必须清除馅渣，用热水清洗后吹干。（　　）
7. 微波炉在无食物加热时要保持通风，可用金属器皿放入炉内加热。（　　）
8. 放置冰箱时，背部应离墙壁10 cm以上，以保证冷凝器有良好的自然通风条件。（　　）
9. 叶菜类洗涤时，先用冷水浸泡一会儿再洗，最后进行切配加工。（　　）
10. 根茎类蔬菜要先刮削外皮，然后用清水洗净。（　　）
11. 花、果类菜初步处理主要包括掐去老纤维、削去污斑和挖除蛀洞等。（　　）
12. 花、果类菜初步处理时，先要切成块，再进行洗涤。（　　）

13. 家畜内脏适用翻洗法和盐醋法搓洗，尤其是肠、胃（肚）等。（ ）
14. 家禽开膛方法有头开法、尾开法和左右开法 3 种。（ ）
15. 鸭子在宰杀前，先喂一些冷水，并用冷水浇透鸭子的全身，这样就容易煺毛。（ ）
16. 鲥鱼的鳞片下有脂肪且味道鲜美，故不必去鳞。（ ）
17. 猪后腿分档，可分出磨档肉、弹子肉、臀尖肉、坐臀肉、黄瓜条和三叉肉 6 块。
（ ）
18. 鸡分档取料，可取出里脊肉、胸部肉和大腿肉等。（ ）
19. 鸡分档取料，可取出最嫩的翅膀肉、较嫩的里脊肉和较老的胸部肉。（ ）
20. 整鱼分档应根据鳍的不同位置下刀。（ ）
21. 整鱼分档应根据鱼的形体大小下刀。（ ）
22. 鱼的分档包括鱼头、鱼尾、鱼背，最肥嫩的肉是鱼头。（ ）
23. 为了烹调需要，鳝背一般要用水冲洗血迹和黏液。（ ）
24. 鳝段加工时，左手捏住黄鳝的头，右手持剪刀在喉部插入，向尾部推去。（ ）
25. 鳝筒加工时，持剪刀在喉部横剪一刀，随后将两根筷子插入刀口内，用力卷出内脏。（ ）
26. 鳝筒加工时，左手捏住黄鳝的头，右手持剪刀在腹部插入，向尾部推去，用力拉出内脏。（ ）
27. 烫泡后黄鳝内部的血凝固并呈褐色，说明是用活黄鳝烫泡的。（ ）
28. 为了使虾仁色白肉脆，可放入适量苏打洗涤。（ ）
29. 为了使虾仁色白肉脆，可放入适量食用苏打（1 kg 虾放 25 g 食用苏打）洗涤。
（ ）
30. 经刀工处理的原料便于食用、加热成熟以及调味。（ ）
31. 刀工就是根据方便和清洁要求，运用各种刀法将原料加工成一定形状的操作过程。
（ ）
32. 刀工技法也称刀法，是将烹饪原料加工成不同形状的行刀技法。（ ）
33. 原料在粗加工时可能会用到劈、斩等刀法。（ ）
34. 原料粗加工可用剞、雕刻等刀法，原料细加工可用劈、斩等刀法。（ ）

35. 操作过程中，刀刃与原料接触角度为直角，称直切法。（   ）
36. 操作过程中，刀面与原料接触角度为直角，称平刀法。（   ）
37. 刀刃与原料接触角度为锐角（或钝角），称斜刀法。（   ）
38. 刀法除了直刀法、平刀法和斜刀法外，还有其他刀法，如拍、刮等。（   ）
39. "块"的原料成形，大体可分象眼块、方块、劈柴块、滚料块等。（   ）
40. 段有大寸段、小寸段、马牙段等。（   ）
41. 丁是方形小块，比较大，1.5 cm 见方。（   ）
42. 原料成形时，有些球形可以用专用半圆勺挖出来。（   ）
43. 刀工要根据烹调成品要求，因材施刀、均匀一致且物尽其用，减少浪费。（   ）
44. 刀工要根据原料的性能特点采用不同的刀法。（   ）

二、单项选择题（选择一个正确的答案，将相应的字母填入题内的括号中）

1. 刀具按其作用来分，一般可分为（   ）、斩刀和前批后斩刀 3 种。
   A. 圆刀头   B. 方刀头   C. 批刀   D. 马刀头
2. 刀用完后，用洁布擦干或涂少许油，防止（   ）、失去光度和锋利度。
   A. 氧化   B. 气化   C. 变化   D. 水化
3. 砧板用完后应刮洗干净，（   ），用洁布罩好，放通风处备用。
   A. 竖起   B. 平放桌上   C. 阳光下晒干   D. 放在水中浸泡
4. 砧板用完后应刮洗干净，竖起，用洁布罩好，（   ）备用。
   A. 平放在桌上   B. 放在通风处   C. 阳光晒干   D. 放在水中浸泡
5. 绞肉机用毕，必须清除（   ），用热水清洗后吹干。
   A. 原料   B. 调料   C. 馅渣   D. 馅心
6. 微波炉不能通电空转，且绝对不能把（   ）器皿放入炉内加热。
   A. 瓷器   B. 金属   C. 陶器   D. 硬塑料
7. 放置冰箱时，背部应离墙壁（   ），以保证冷凝器有良好的自然通风条件。
   A. 5 cm 以下   B. 6 cm 以上   C. 10 cm 以上   D. 5 cm
8. 叶菜类洗涤时，先用冷水浸泡一会儿再洗，最后进行（   ）加工。
   A. 整理   B. 切配   C. 分档   D. 消毒

9. 根茎类蔬菜要先刮削（　　），然后用清水洗净。
   A. 根部　　　　　B. 茎部　　　　　C. 外皮　　　　　D. 外壳

10. 花、果类菜初步处理时主要包括掐去（　　）、削去污斑、挖除蛀洞等。
    A. 老纤维　　　B. 老蕊　　　　　C. 花部　　　　　D. 果部

11. 花、果类菜初步处理时主要包括掐去老纤维、削去（　　）、挖除蛀洞等。
    A. 花斑　　　　B. 污斑　　　　　C. 花部　　　　　D. 果部

12. 家畜内脏适用翻洗法和盐醋法搓洗，尤其是内脏中的（　　）、胃（肚）等。
    A. 肝　　　　　B. 肺　　　　　　C. 肠　　　　　　D. 脑

13. 家禽开膛方法有股开法、（　　）和背开法3种。
    A. 上开法　　　B. 肋开法　　　　C. 下开法　　　　D. 左右开法

14. 适用于隔年鸭子煺毛的水温是（　　）℃。
    A. 70～80　　　B. 80～90　　　　C. 90～100　　　D. 100～110

15. （　　）、鳓鱼的鳞片下因有脂肪且味道鲜美，故不必去鳞。
    A. 黄鱼　　　　B. 青鱼　　　　　C. 鲈鱼　　　　　D. 鲫鱼

16. 猪后腿分档，可分出磨档肉、弹子肉、（　　）、坐臀肉、黄瓜条和三叉肉6块。
    A. 臀尖肉　　　B. 三号肉　　　　C. 夹心肉　　　　D. 上脑肉

17. 鸡分档取料，可取出里脊肉、胸部肉和（　　）。
    A. 翅膀肉　　　B. 颈部肉　　　　C. 肋条肉　　　　D. 大腿肉

18. 鸡的部位取料可以包括鸡颈、鸡胸、鸡脊背、鸡翅膀、鸡腿和（　　）6个部位。
    A. 鸡爪　　　　B. 鸡壳　　　　　C. 鸡内脏　　　　D. 鸡尾股

19. 整鱼分档时，拆卸鱼尾应在（　　）位置下刀。
    A. 背鳍　　　　B. 胸鳍　　　　　C. 腹鳍　　　　　D. 臀鳍

20. 鱼的分档可取鱼头、鱼尾、（　　）、鱼中段等。
    A. 鱼背　　　　B. 鱼鳃　　　　　C. 鱼尾骨　　　　D. 鱼头骨

21. 为了保持鳝背的（　　），一般不用水冲洗，而用抹布擦净血迹和黏液。
    A. 嫩性　　　　B. 硬性　　　　　C. 脆性　　　　　D. 软性

22. 为了保持鳝背的脆性，一般不用水冲洗，而用抹布擦净（　　）和血迹。

　　　　A. 内脏　　　　B. 尿液　　　　C. 水分　　　　D. 黏液

23. 鳝段加工时，左手捏住黄鳝的头，右手持剪刀在（　　）插入，向尾部推去。
　　　　A. 头部　　　　B. 背部　　　　C. 喉部　　　　D. 腹部

24. 鳝筒加工时，持剪刀在（　　）横剪一刀，随后将两根筷子插入刀口内，用力卷出内脏。
　　　　A. 头部　　　　B. 背部　　　　C. 喉部　　　　D. 腹部

25. 鳝筒加工时，持剪刀在喉部横剪一刀，随后将（　　）插入刀口内，用力卷出内脏。
　　　　A. 剪刀　　　　B. 两根筷子　　C. 木棒　　　　D. 小刀

26. 为了使虾仁色白（　　），可放入适量食用苏打洗涤。
　　　　A. 肉脆　　　　B. 肉松　　　　C. 肉酥　　　　D. 肉硬

27. 为了使虾仁（　　）肉脆，可放入适量食用苏打洗涤。
　　　　A. 色红　　　　B. 色白　　　　C. 色青　　　　D. 色黄

28. 将蟹黄和（　　）混放在一起，称为蟹粉。
　　　　A. 蟹肉　　　　B. 淀粉　　　　C. 蟹肺　　　　D. 蟹鳃

29. 经刀工处理的原料便于（　　）、加热、调味，能美化原料的形态。
　　　　A. 食用　　　　B. 运输　　　　C. 冰冻　　　　D. 保存

30. 刀工就是根据烹调和（　　）要求，运用各种刀法将原料加工成一定形状的操作过程。
　　　　A. 清洁　　　　B. 方便　　　　C. 洗涤　　　　D. 食用

31. 刀工技法中，对原料粗加工的方法有（　　）等。
　　　　A. 剞　　　　　B. 雕刻　　　　C. 劈、斩　　　D. 削、刮

32. 刀工技法中，对原料细加工方法有（　　）等，对原料美化的方法有剞等。
　　　　A. 劈　　　　　B. 雕刻　　　　C. 削　　　　　D. 批

33. 刀身（刀面）始终与砧板成（　　），称直刀法。
　　　　A. 直角　　　　B. 平角　　　　C. 钝角　　　　D. 锐角

34. 刀面与砧板呈（　　）状态，称平刀法。

A. 倾斜　　　　B. 近似垂直　　　C. 平行　　　　D. 垂直
35. 刀面与砧板呈平行状态，称（　　）法。
　　　A. 混合刀　　　B. 斜刀　　　　C. 直刀　　　　D. 平刀
36. 刀刃与原料接触角度为（　　），称斜刀法。
　　　A. 锐角或钝角　B. 直角　　　　C. 平角　　　　D. 圆周角
37. 刀法除了直刀法、平刀法、斜刀法外，还有其他刀法，如（　　）、刮等。
　　　A. 滚　　　　　B. 捏　　　　　C. 拍　　　　　D. 挤
38. 刀法除了直刀法、平刀法、斜刀法外，还有其他刀法，如拍、（　　）等。
　　　A. 滚　　　　　B. 捏　　　　　C. 挤　　　　　D. 刮
39. 条比丝粗，直径约为（　　）cm，长3～5 cm，俗称筷梗条。
　　　A. 0.5　　　　 B. 0.8　　　　 C. 1.0　　　　 D. 1.2
40. 粒比丁小，比末大，如豌豆大小，可将（　　）改刀成粒。
　　　A. 丁　　　　　B. 末　　　　　C. 丝　　　　　D. 条
41. 下列选项中不属于刀工要求的是（　　）。
　　　A. 因材施刀　　B. 随意施刀　　C. 均匀一致　　D. 物尽其用
42. 下列选项中属于刀工要求的是（　　）。
　　　A. 随意施刀　　B. 均匀一致　　C. 长中有短　　D. 粗中有细

烹调基础知识

一、判断题（将判断结果填入括号中。正确的填"√"，错误的填"×"）

1. 烹调工具一般有锅、手勺、漏勺、笊篱、网筛、手铲、铁叉等。（　　）
2. 笼屉是用来蒸制菜肴的工具，其规格较多。（　　）
3. 烹调设备由炉和灶两大部分组成。（　　）
4. 熏炉大多是开放式的，用茶叶和锯末、白糖等作为熏料。（　　）
5. 厨房常用的灶有炒菜灶和蒸锅灶等。（　　）
6. 临灶姿势：面向炉灶站立，身体与灶台保持约20 cm距离，两脚分开，与肩同宽。
　　　　　　　　　　　　　　　　　　　　　　　　　　　　　　（　　）

7. 小翻锅一般用左手握锅,向前送,再后拉,不断颠翻,菜肴翻动幅度小,不出锅。
(   )
8. 大翻锅的幅度大,由拉、送、扬、接四个连续动作组成。(   )
9. 大翻锅的幅度大,要不断颠翻。(   )
10. 火力大小和时间长短的变化情况称为火候。(   )
11. 火焰高低和火色不同的变化情况称为火候。(   )
12. 在烹调中,火候可以体现在温度上。(   )
13. 油是烹制食物时应用最广泛的传热介质。(   )
14. 水有极强的渗透和溶解能力。(   )
15. 汽蒸能使原料成熟后形整不烂,还能保持原汁原味。(   )
16. 直火辐射是指烤、熏、烘和用盐与泥沙传热的盐焗、泥烤等烹调方法。(   )
17. 如果原料质地老,火力要小些,加热时间要长些。(   )
18. 如果原料质地老,火力要大些,加热时间要长些。(   )
19. 火候根据原料形态来定。如果原料形状小,火力要大些,加热时间要短些。(   )
20. 烹调方法中滑烧菜和炖菜一般采用小火,长时间加热。(   )
21. 火候要根据原料性状、出品要求、投料数量、传热介质、烹调方法的变化而灵活调整。(   )
22. 油在传递热量时具有排水性,能使原料快速成熟并脱水变脆。(   )
23. 油在传递热量时具有排水性,能使原料表面脱水变硬,内部吸水变软。(   )
24. 温油锅原料下锅时,原料周围会出现少量气泡。(   )
25. 热油锅原料下锅时,原料周围会出现大量气泡,并带有轻微的爆炸声。(   )
26. 原料在旺火时下锅,油温应低一些。(   )
27. 要根据原料质地老嫩和形态大小灵活调整好油温。(   )
28. 原料下锅数量多时,油温快速下降,此时可将火力调大一些。(   )
29. 勾芡也称着芡、拢芡。(   )
30. 勾芡也称着芡、注糊或挂糊。(   )
31. 勾芡能使汤菜融合,弥补短时间烹调入味的不足。(   )

32. 采用勾芡方法，可适当提高汤汁浓度，使主料上浮，突出主料。（   ）
33. 勾芡后，由于淀粉的老化作用，提高了汤汁浓度，使汤菜融合，增加滋味。（   ）
34. 勾芡可使菜肴汤汁里的维生素等营养物质易于黏附在菜肴上，从而减少营养素的流失。（   ）
35. 勾芡不可能保留菜肴汤汁里的维生素及营养类。（   ）
36. 绿豆淀粉细腻，黏性足，颜色洁白微带青绿色光泽，但吸水性差。（   ）
37. 玉米淀粉糊化后黏性足，吸水性比土豆淀粉强，有光泽，脱水后脆硬度强。（   ）
38. 麦淀粉黏性和光泽均较差。（   ）
39. 蚕豆淀粉黏性足，吸水性较差，色洁白，光亮质地细腻。（   ）
40. 勾芡按芡汁的稠度分为厚芡和薄芡两大类。（   ）
41. 勾芡中，厚芡可分为最厚芡和较厚芡两种。（   ）
42. 勾芡中，薄芡可分为琉璃芡和米汤芡两种。（   ）
43. "拌"的勾芡手法多用于爆、炒、熘等旺火速成技法的厚芡类菜肴。（   ）
44. "浇"的勾芡手法多用于脆熘或扒的菜肴，尤其是熘大块、整只（条）菜肴。（   ）
45. "浇"的勾芡手法多用于滑熘或烩的菜肴。（   ）
46. "淋"的勾芡手法多用于烧、烩等菜肴，且芡汁一般为不加调味品的水粉芡。（   ）
47. 勾芡时，芡汁在锅内时间不能太长，要较快地使之变黏出锅。（   ）
48. 勾芡要适时，爆、炒类菜肴必须在菜肴半熟时勾芡。（   ）
49. 应密切注意芡的成熟分布情况，烧菜时应观察锅中哪处起泡，即说明该处缺芡，要及时补芡。（   ）
50. 调味是用各种调味品和调味手段，在原料加热前、中、后影响原料滋味的一种方法。（   ）
51. 基础味型是最常用的调味味型，它可分为单一味和复合味两大类。（   ）
52. 咸味是调味中的基准味。（   ）
53. 复合味型是两种或两种以上单一味混合而成的滋味。（   ）

54. 把各种基础味型进行有机组合，可以变化出无穷无尽的复合味。（　　）
55. 如何让各种复合味适合人们的口味、爱好，是厨师手艺高低的一个衡量标准。（　　）
56. 原料在加热中调味，可称为定型调味。（　　）
57. 原料在加热中调味，可称为基本调味。（　　）
58. 原料在加热后调味，可称为辅助调味。（　　）
59. 调味的一个原则是：下料必须恰当、适时。（　　）
60. 保持风味特色是调味的原则之一。（　　）
61. 在调味时，可以在保持风味特色的前提下，根据季节变化，适当灵活处理。（　　）
62. 应根据调味品不同的物理性质和化学性质合理选用盛装器具。（　　）
63. 应根据调味品不同来选择各种不同的造型盛器。（　　）
64. 调味品应按一定的温度、湿度、避光要求和通气环境分类储存。（　　）
65. 调味品应做到随进随用，大量购进，一起储存。（　　）
66. 调味品放置要做到先用的放得近，后用的放得远；常用的放得近，不常用的放得远。（　　）
67. 菜肴盛装的优劣，不仅关系到菜肴的形态美观，也关系到出品的整洁卫生。（　　）
68. 菜肴盛装的优劣，只影响菜肴外观，与清洁卫生无关。（　　）
69. 菜肴盛装要注意清洁卫生和整齐美观，并要熟练快速。（　　）
70. 常用盛器有沙锅、火锅、暖锅、品锅、气锅等。（　　）
71. 饮食业餐具规格度量通常采用英制单位，1英寸约为2.5 cm。（　　）
72. 菜肴装盆应掌握盛具与菜式、品质、口味、工序相配合的原则。（　　）
73. 盛器的大小应与菜肴重量相适应，盛器的色彩应与菜肴的色彩相协调。（　　）
74. 冷菜拼摆形式包括单拼、双拼、三拼、什锦冷盆和花色冷盆等。（　　）
75. 冷菜拼摆形式是指什锦冷盆和花色冷盆。（　　）
76. 炒、熘、爆菜的盛装法有左右交叉轮拉法、倒入法、分主次倒法和覆盖法。（　　）
77. 滑炒、炸、炖、爆菜的盛装法有左右交叉轮拉法、倒入法、分主次倒法和覆盖法。（　　）

78. 烧、炖、焖菜的盛装法有拖入法、盛入法和扣入法。（   ）
79. 烩菜的盛装，羹汤一般装至盛具容积的 90% 左右。（   ）
80. 烩菜的盛装，羹汤一般装至盛具容积的 95% 以上。（   ）
81. 盛装汤菜时，一般汤汁装入碗中离碗沿约 1 cm 处为宜。（   ）
82. 盛装两条整鱼时，应并排装置，腹部向盘中，背部向盘外，紧靠在一起。（   ）

二、单项选择题（选择一个正确的答案，将相应的字母填入题内的括号中）

1. 蒸、煮锅大多用（   ）制成。
   A. 生铁   B. 熟铁   C. 铜   D. 铝

2. 漏勺的直径为（   ）cm，勺面多孔。
   A. 12～16   B. 16～18   C. 18～24   D. 20～30

3. 手铲柄端部装有木把手，柄长约（   ）cm。
   A. 20   B. 25   C. 30   D. 35

4. 由于（   ）没有烟道，所以燃料燃烧不快，火力分散而且均匀。
   A. 烤炉   B. 烘炉   C. 熏炉   D. 烤箱

5. 就燃料而言，在城市里（   ）使用较广泛，也比较干净。
   A. 鼓风灶   B. 煤气灶   C. 柴油灶   D. 柴灶

6. 临灶姿势：面向炉灶站立时，身体与灶台保持（   ）cm 距离，两脚分开，与肩同宽。
   A. 5   B. 20   C. 10   D. 30

7. 正确的临灶姿势为：面向炉灶站立时，身体与灶台保持约 10 cm 距离，两脚分开，与（   ）同宽。
   A. 灶   B. 炉   C. 锅   D. 肩

8. 大翻锅的幅度大，由拉、送、（   ）四个连续动作组成。
   A. 拖、拉   B. 拖、晃   C. 扬、接   D. 摇、晃

9. 大翻锅的幅度大，由（   ）、扬、接四个连续动作组成。
   A. 拖、拉   B. 拖、晃   C. 接、晃   D. 拉、送

10. 菜肴出锅装盘，必须保持（   ）、丰满、美观的造型。

  A. 整齐   B. 周高中低   C. 平坦   D. 装到盆边

11. （ ）和时间长短的变化情况称为火候。

  A. 程度高低   B. 火光颜色   C. 火力大小   D. 火焰高低

12. 在烹调中，火力强弱可以体现在（ ）上。

  A. 温度   B. 力度   C. 高度   D. 气度

13. （ ）是烹制食物时应用最广泛的传热介质。

  A. 油   B. 水   C. 蒸汽   D. 空气

14. 蒸汽的温度比沸水略高且有压力，故原料易蒸酥，还能保持（ ）原味。

  A. 原色   B. 原来厚度   C. 原汁   D. 原状

15. 蒸汽的温度比沸水略高且有压力，故原料易蒸酥，还能保持原汁（ ）。

  A. 原状   B. 原来厚度   C. 原色   D. 原味

16. 直火辐射是指烤、熏、烘和用（ ）与泥沙传热的盐焗、泥烤等烹调方法。

  A. 盐   B. 糖   C. 面粉   D. 淀粉

17. 如果原料质地老，火力要（ ），加热时间要长些。

  A. 用大火   B. 大些   C. 小些   D. 用旺火

18. 如果原料质地老，加热要（ ）。

  A. 用大火，时间短些   B. 用小火，时间短些

  C. 用旺火，时间长些   D. 火力小些，时间长些

19. 火候根据原料形态来定。如果原料形状小，（ ），加热时间要短些。

  A. 火力要大些   B. 火力要小些   C. 要用苗火   D. 要用慢火

20. 烹调方法中滑炒菜、爆菜一般采用旺火，（ ）加热。

  A. 特长时间   B. 缓慢   C. 长时间   D. 短时间

21. 火候要根据原料（ ）、出品要求、投料数量、传热介质、烹调方法的变化而灵活调整。

  A. 性状   B. 好坏   C. 滋味   D. 大小

22. 油在传递热量时具有（ ），所以能使原料快速成熟并脱水变脆。

  A. 亲水性   B. 排水性   C. 吸水性   D. 聚水性

23. 一般（　　）成油温的温度为 90～120℃。
　　A. 一二　　　　B. 二三　　　　C. 三四　　　　D. 四五

24. 温油锅的油面（　　），无声响，油面较平静。
　　A. 无青烟　　　B. 微有青烟　　C. 有青烟　　　D. 有大量青烟

25. 原料在（　　）时下锅，油温应低一些。
　　A. 微火　　　　B. 苗火　　　　C. 旺火　　　　D. 小火

26. 控制油温时，原料质地老的、体积大的应该（　　）。
　　A. 油温低些，时间长些　　　　　B. 油温低些，时间短些
　　C. 油温高些，时间短些　　　　　D. 油温高些，时间长些

27. 控制油温时，（　　）原料应该油温低些，时间长些。
　　A. 质地嫩的、体积大的　　　　　B. 质地老的、体积大的
　　C. 质地嫩的、体积小的　　　　　D. 质地老的、体积小的

28. 原料下锅数量多时，油温快速下降，火力应调（　　）。
　　A. 大一些　　　B. 小一些　　　C. 至最大　　　D. 至最小

29. 菜肴在接近（　　）时勾芡，底油不宜过多。
　　A. 成熟　　　　B. 半熟　　　　C. 酥烂　　　　D. 熟透

30. 菜肴在接近成熟时（　　），底油不宜过多。
　　A. 定型　　　　B. 勾芡　　　　C. 上浆　　　　D. 离火

31. 勾芡后，由于淀粉的（　　）作用，提高了汤汁浓度，使汤菜融合，增加滋味。
　　A. 理化　　　　B. 分化　　　　C. 糊化　　　　D. 老化

32. 采用勾芡方法，可适当提高汤汁浓度，使（　　）上浮，突出主料。
　　A. 调料　　　　B. 主料　　　　C. 辅料　　　　D. 配料

33. 芡汁裹住菜肴外表，既能减缓菜肴热量散发，起（　　）作用，又能增加菜肴的透明光泽度。
　　A. 保气　　　　B. 保鲜　　　　C. 保光　　　　D. 保温

34. 勾芡可使菜肴汤汁里的（　　）等营养物质易于黏附在菜肴上，从而防止营养素的流失。

A. 维生素　　　　B. 蛋白质　　　　C. 纤维素　　　　D. 矿物质

35. 绿豆淀粉细腻，（　　）足，颜色洁白微带青绿色光泽，但吸水性差。
　　A. 弹性　　　　　B. 脆性　　　　　C. 黏性　　　　　D. 滑性

36. 玉米淀粉糊化后黏性足，（　　）比土豆淀粉强，有光泽，脱水后脆硬度强。
　　A. 吸水性　　　　B. 吸油性　　　　C. 吸味性　　　　D. 吸气性

37. 蚕豆淀粉（　　）足，吸水性较差，色洁白，光亮质地细腻。
　　A. 弹性　　　　　B. 滑性　　　　　C. 黏性　　　　　D. 脆性

38. 勾芡按芡汁的稠度分为（　　）和薄芡两大类。
　　A. 厚芡　　　　　B. 立芡　　　　　C. 色芡　　　　　D. 糊芡

39. 勾芡按芡汁的稠度分为厚芡和（　　）两大类。
　　A. 立芡　　　　　B. 薄芡　　　　　C. 色芡　　　　　D. 糊芡

40. 勾芡中的（　　）大多加液体调味料，适用于熘菜，特别适用于熘菜中的大型或整只（条）菜肴。
　　A. 包芡　　　　　B. 糊芡　　　　　C. 琉璃芡　　　　D. 米汤芡

41. 勾芡中，薄芡可分为琉璃芡和（　　）两种。
　　A. 糊芡　　　　　B. 包芡　　　　　C. 立芡　　　　　D. 米汤芡

42. "拌"的勾芡手法多用于（　　）、炒、熘等旺火速成技法的厚芡类菜肴。
　　A. 炸　　　　　　B. 脆熘　　　　　C. 爆　　　　　　D. 生滑

43. "浇"的勾芡手法多用于（　　）或扒的菜肴，尤其是熘大块、整只（条）菜肴。
　　A. 脆熘　　　　　B. 滑油　　　　　C. 红烧　　　　　D. 烩

44. "浇"的勾芡手法多用于脆熘或（　　）的菜肴，尤其是熘大块、整只（条）菜肴。
　　A. 滑熘　　　　　B. 扒　　　　　　C. 红烧　　　　　D. 烩

45. 勾芡要适时，烧、烩、扒类菜肴必须在菜肴（　　）时勾芡。
　　A. 未熟　　　　　B. 半熟　　　　　C. 接近成熟　　　D. 完全成熟

46. 不同的勾芡，要有不同量的（　　）与之适应，过多过少都会破坏勾芡的效果。
　　A. 淀粉　　　　　B. 水分　　　　　C. 汤汁　　　　　D. 调味

47. 加调味料的芡汁必须在（　　）时调整口味。

A. 菜肴成熟　　　B. 勾完芡　　　C. 菜肴断生　　　D. 菜肴半熟

48. 调味是用各种（　　）和调味手段，在原料加热前、中、后影响原料滋味的一种方法。

A. 食品　　　B. 装饰品　　　C. 调味品　　　D. 副食品

49. 调味是用各种调味品和（　　）手段，在原料加热前、中、后影响原料滋味的一种方法。

A. 食用　　　B. 切配　　　C. 调配　　　D. 调味

50. 基础味型是最常用的调味味型，它可分为（　　）和复合味两大类。

A. 单一味　　　B. 酸甜味　　　C. 咸鲜味　　　D. 咸辣味

51. （　　）是调味中的基准味。

A. 酸味　　　B. 咸味　　　C. 鲜味　　　D. 甜味

52. 常用复合味有（　　）、香咸、辣咸、甜咸、香辣、甜酸等。

A. 咸麻　　　B. 香甜　　　C. 鲜咸　　　D. 咸酸

53. 以下调味品中，（　　）属于甜咸味。

A. 糖醋汁　　　B. 甜面酱　　　C. 番茄沙司　　　D. 山楂酱

54. 调味品椒盐属于（　　）。

A. 香辣味　　　B. 辣咸味　　　C. 香咸味　　　D. 鲜咸味

55. 原料在加热（　　）调味，可称为基本调味。

A. 前　　　B. 中　　　C. 后　　　D. 结束

56. 原料在加热（　　）调味，可称为定型调味。

A. 前　　　B. 中　　　C. 后　　　D. 以上选项均不正确

57. 原料在加热（　　）调味，可称为辅助调味。

A. 后　　　B. 中　　　C. 前　　　D. 以上选项均不正确

58. 厨师应当了解所烹制的菜肴的正确口味，应当分清复合味中各种味道的（　　）。

A. 变化　　　B. 主次　　　C. 比例　　　D. 特点

59. 必须按照地方菜的不同规格要求进行调味，以保持菜肴一定的（　　）。

A. 口味　　　B. 规格　　　C. 风味特色　　　D. 味型

60. 应根据调味品不同的（　　）和化学性质合理选用盛装器具。
    A. 物理性质　　　B. 颜色　　　　C. 滋味　　　　D. 形态

61. 应根据调味品不同的物理性质和（　　）合理选用盛装器具。
    A. 颜色　　　　B. 化学性质　　C. 滋味　　　　D. 形态

62. 应按一定的温度、（　　）、避光、通气环境分类储存调味品。
    A. 湿度　　　　B. 宽度　　　　C. 深度　　　　D. 长度

63. 调味品应做到先进先用，控制数量，（　　）。
    A. 集中储存　　B. 混合储存　　C. 一起储存　　D. 分类储存

64. 调味品放置要做到先用的放得近，后用的放得远；常用的放得（　　），不常用的放得远。
    A. 多　　　　　B. 少　　　　　C. 远　　　　　D. 近

65. 菜肴盛装的优劣，不仅关系到菜肴的形态（　　），也关系到出品的整洁卫生。
    A. 美观　　　　B. 别致　　　　C. 出众　　　　D. 平衡

66. 菜肴盛装的优劣，不仅关系到菜肴的形态美观，也关系到出品的（　　）。
    A. 营养成分　　B. 整洁卫生　　C. 口味好坏　　D. 质感老嫩

67. 常用盛器有腰盆、（　　）、汤盆和沙锅等。
    A. 鼎　　　　　B. 圆盆　　　　C. 甑　　　　　D. 甑

68. 饮食业餐具中，腰盘的规格通常以（　　）为度量标准。
    A. 长轴　　　　B. 短轴　　　　C. 周长　　　　D. 直径

69. 菜肴装盆应掌握盛具与菜肴数量、品种、（　　）、价值相配合的原则。
    A. 光泽　　　　B. 色彩　　　　C. 色度　　　　D. 亮度

70. 盛器的大小应与菜肴（　　）相适应。
    A. 色彩　　　　B. 品种　　　　C. 重量　　　　D. 质量

71. 冷菜拼摆形式有单拼、双拼、三拼、（　　）和花色冷盆等。
    A. 花鸟冷盆　　B. 什锦冷盆　　C. 金鱼冷盆　　D. 景色冷盆

72. 冷盆拼摆的手法有（　　）、堆、叠、围、摆、覆。
    A. 酿　　　　　B. 扣　　　　　C. 排　　　　　D. 卷

73. 炒、熘、爆菜的盛装法有左右交叉轮拉法、倒入法、分（　　）倒法和覆盖法。
    A. 前后　　　　B. 主次　　　　C. 左右　　　　D. 上下
74. 炒、熘、爆菜的盛装法有左右交叉轮拉法、（　　）、分主次倒法和覆盖法。
    A. 拖入法　　　B. 倒入法　　　C. 扣入法　　　D. 盛入法
75. （　　）、炖、焖菜的盛装法有拖入法、盛入法和扣入法。
    A. 炸　　　　　B. 爆　　　　　C. 烧　　　　　D. 盖
76. （　　）菜的盛装，羹汤一般装至盛具容积的90%左右。
    A. 爆　　　　　B. 烩　　　　　C. 氽　　　　　D. 炖
77. （　　）的盛装一般汤汁装入碗中离碗沿约1 cm处为宜。
    A. 炸菜　　　　B. 烩菜　　　　C. 汤菜　　　　D. 爆菜
78. 盛装两条整鱼时，应并排装置，腹部向盘（　　），背部向盘外，紧靠在一起。
    A. 中　　　　　B. 左　　　　　C. 右　　　　　D. 外

菜肴烹制前的准备

一、判断题（将判断结果填入括号中。正确的填"√"，错误的填"×"）

1. 焯水就是把原料放入水锅中加热至半熟或刚熟的状态。（　　）
2. 焯水的作用是保持蔬菜口感脆嫩，色泽鲜艳，去除异味，易于烹调。（　　）
3. 为了除去萝卜、冬笋和山药等原料中的苦味、涩味和辛辣味，应用冷水锅焯水。（　　）
4. 为了除去萝卜、冬笋和山药等原料中的苦味、涩味和辛辣味，应用沸水锅焯水。（　　）
5. 蔬菜焯水会造成维生素的较大损失。（　　）
6. 蔬菜焯水会造成蛋白质的较大损失。（　　）
7. 不同性质的原料要分别焯水。（　　）
8. 走油就是把成形原料放入油锅中加热至熟或至半熟的一种熟处理方法。（　　）
9. 走油就是把成形原料放入油锅中加热成熟或炸成半熟制品，为正式烹调缩短时间。（　　）

10. 上色能增香味、除异味。（　）
11. 卤汁上色一般用于制作蒸、卤类烹调方法的菜肴。（　）
12. 鸡、鸭、鹅等应在上色前整理好形状，上色中应保持原料形态的完整。（　）
13. 卤汁上色时先用小火加热，及时改用大火收汁，使味和色浸入原料。（　）
14. 汽蒸可分为旺火沸水长时间蒸制法和旺火沸水短时间蒸制法。（　）
15. 汽蒸能更有效地保持脆嫩效果。（　）
16. 糊浆处理就是在原料表面包裹上一层黏性的糊浆或粉浆。（　）
17. 挂糊时如果选用的原料老，则糊浆要薄，油温要尽量低些。（　）
18. 挂糊不仅能减少原料中水分和其他营养成分的流失，还能使制品形成特殊的风味。（　）
19. 挂糊能减少原料中水分和其他营养成分的流失，但不能使制品形成特殊的风味。（　）
20. 调制任何糊浆，一般只用淀粉、发酵粉和鸡蛋。（　）
21. 制糊时各种糊的稠或稀，应当根据原料的老嫩、是否经过冷冻以及原料在挂糊后距离烹调时间的长短等因素而定。（　）
22. 糊浆调制时，搅拌应先快后慢，先重后轻。（　）
23. 上浆种类一般有蛋清浆、全蛋浆、干粉浆、苏打浆等。（　）
24. 上浆种类一般有发粉浆、酵母浆等。（　）
25. 原料上浆后应立即烹调。（　）
26. 拍粉就是在未经过调味的原料表面均匀地撒或按上一层面粉、淀粉或面包粉。（　）
27. 拍粉可分为拍粉拖蛋液和拖蛋液再黏上原料两种方法。（　）
28. 配菜是将一切原料放在一起。（　）
29. 菜肴的品质由原料决定，原料的质量直接决定了菜肴的档次。（　）
30. 原料的外形取决于刀工，而菜肴的外观则由配菜来决定。（　）
31. 配菜时所选用材料的多少、分量的多少，将直接影响菜肴的成本。（　）
32. 配菜是菜肴品种创新的重要环节。（　）

33. 配菜确定菜肴的营养价值。（   ）
34. 主料与辅料的配合是指一种菜肴除使用主料外，又添入一定数量的辅料。（   ）
35. 不分主辅料的配合是指一种菜肴除使用主料外，又添入一定数量的辅料。（   ）
36. 所谓不分主辅料的配合，是指由两种或两种以上分量不同的材料所构成的菜肴，其中主辅料不必加以区分。（   ）
37. 菜肴配色依实际情形而定，但以色彩调和、具有美感为原则。（   ）
38. 菜肴配色依实际情形而定，但以口感舒适为原则。（   ）
39. 香与味搭配时，芳香浓厚的不可与香味较淡的配合。（   ）
40. 形状的配合关系菜肴的外观，也影响菜肴的品质。（   ）
41. 不区分主辅料的菜肴，各种原料形态也应不同。（   ）
42. 配菜要熟悉原料知识，了解菜肴名称与烹调的特征，但不一定要精通刀工。（   ）
43. 排菜（南方人称打荷）的主要任务就是配合厨师调整好上菜次序。（   ）
44. 排菜是厨房工作正常进行的一个重要环节。（   ）
45. 排菜的流程是准备用料用具、装饰物和辅料，并了解供应情况。（   ）
46. "排菜的开档"首先应做好用料用具和装饰物的准备。（   ）
47. 排菜要熟悉各类餐具、用具的使用和保管。（   ）

二、单项选择题（选择一个正确的答案，将相应的字母填入题内的括号中）

1. 焯水就是把原料放入水锅中加热至（   ）或刚熟的状态。
   A. 酥烂　　　　B. 酥嫩　　　　C. 半熟　　　　D. 酥软

2. 焯水就是把原料放入水锅中加热至半熟或（   ）的状态。
   A. 酥烂　　　　B. 酥嫩　　　　C. 酥软　　　　D. 刚熟

3. 焯水可以除去蔬菜中的（   ）、苦味、辣味。
   A. 涩味　　　　B. 香味　　　　C. 甜味　　　　D. 咸味

4. 为了除去萝卜、冬笋和山药等原料中的（   ）、涩味和辛辣味，应用冷水锅焯水。
   A. 咸味　　　　B. 甜味　　　　C. 苦味　　　　D. 鲜味

5. 为了保持口感脆嫩，（   ），植物性原料必须放入沸水锅焯水。
   A. 色泽鲜艳　　B. 原汁原味　　C. 造型独特　　D. 原形美观

6. 蔬菜焯水会造成（　　）的较大损失。

　　A. 脂肪　　　　　B. 矿物质　　　　C. 维生素　　　　D. 蛋白质

7. 蔬菜焯水会造成维生素的较大（　　）。

　　A. 水解　　　　　B. 溶解　　　　　C. 保留　　　　　D. 损失

8. 不同性质的原料要（　　）焯水。

　　A. 分别　　　　　B. 一起　　　　　C. 同时　　　　　D. 混合

9. 走油就是把成形原料放入油锅中加热（　　）或炸成半熟制品的一种熟处理方法。

　　A. 至半生　　　　B. 呈淡黄色　　　C. 成熟　　　　　D. 至酥烂

10. 走油就是把成形原料放入油锅中加热成熟或炸成（　　）制品的一种熟处理方法。

　　A. 三分熟　　　　B. 烂熟　　　　　C. 乳白色　　　　D. 半熟

11. 走油时，需要酥脆的原料要用（　　）浸炸。

　　A. 冷油锅　　　　B. 温油锅　　　　C. 热油锅　　　　D. 沸油锅

12. 上色能增加原料色泽，增香味，除异味，并使原料（　　）。

　　A. 变形　　　　　B. 定型　　　　　C. 定味　　　　　D. 定量

13. 卤汁上色一般用于制作（　　）烹调方法的菜肴。

　　A. 烧、蒸类　　　B. 蒸、卤类　　　C. 炸、炒类　　　D. 焖、烩类

14. 卤汁上色应根据菜肴的需要，掌握（　　）调味品用量和卤汁颜色的深浅。

　　A. 基本　　　　　B. 特色　　　　　C. 有色　　　　　D. 复合

15. 过油上色油温要掌握在（　　）以上，这样可较好地起到上色的作用。

　　A. 四成　　　　　B. 五成　　　　　C. 六成　　　　　D. 七成

16. 汽蒸能更有效地保持原料（　　）和原汁原味。

　　A. 质地脆硬　　　B. 口味香脆　　　C. 营养成分　　　D. 口味脆嫩

17. （　　）适用于新鲜度高、细嫩易熟且不耐高温的原料或半成品原料。

　　A. 旺火沸水长时间蒸制法　　　　　B. 旺火沸水短时间蒸制法
　　C. 中火沸水急剧蒸制法　　　　　　D. 中火沸水徐缓蒸制法

18. （　　）适用于体积较大、韧性较强、不易煮烂的原料。

　　A. 旺火沸水长时间蒸制法　　　　　B. 旺火沸水短时间蒸制法

C. 中火沸水急剧蒸制法　　　　　　D. 中火沸水徐缓蒸制法

19. 糊浆处理就是在原料表面包裹上一层黏性的（　　）或粉浆。
    A. 浆糊　　　　B. 糊浆　　　　C. 蛋清　　　　D. 全蛋

20. 上浆时如果选用的原料小，则糊浆要（　　），油温要低。
    A. 稠　　　　　B. 多　　　　　C. 薄　　　　　D. 厚

21. 挂糊时如果选用的原料大，则糊浆要（　　），油温要高。
    A. 少　　　　　B. 稀　　　　　C. 薄　　　　　D. 厚

22. 挂糊不仅能减少原料中水分和其他营养成分的流失，还能使制品形成特殊的（　　）。
    A. 甜味　　　　B. 风味　　　　C. 鲜味　　　　D. 酸味

23. 调制糊浆时一般可选用（　　）、面粉、米粉等粉料及鸡蛋、发酵粉等其他用料。
    A. 香粉　　　　B. 脆粉　　　　C. 滑粉　　　　D. 淀粉

24. 糊浆调制时，搅拌应（　　）。
    A. 先快后慢，先重后轻　　　　　B. 先慢后快，先重后轻
    C. 先慢后快，先重后轻　　　　　D. 先慢后快，先轻后重

25. 上浆就是把原料与（　　）、蛋液、调味品、水等巧妙地结合，从而达到烹调前的原料标准。
    A. 淀粉　　　　B. 香粉　　　　C. 滑粉　　　　D. 面粉

26. 上浆就是把原料与淀粉、蛋液、（　　）、水等巧妙地结合，从而达到烹调前的原料标准。
    A. 面粉　　　　B. 调味品　　　C. 副食品　　　D. 食品

27. 原料上浆后，最好放在（　　）里静置2～3 h，使原料与浆液更牢固地黏合。
    A. 冰箱　　　　B. 烤箱　　　　C. 烘箱　　　　D. 水箱

28. 原料上浆后，最好放在冰箱里静置2～3 h，使原料与浆液有充足时间（　　）。
    A. 互相渗透　　B. 黏合　　　　C. 吸水　　　　D. 散开

29. 拍粉就是在经过（　　）的原料表面均匀地撒或按上一层面粉、淀粉或面包粉。
    A. 焯水　　　　B. 挂糊　　　　C. 上浆　　　　D. 调味

30. 配菜是将刀工处理好的原料或经整理、（　）后的原料有机地配置在一起。
    A. 初步整理　　B. 初步消毒　　C. 初步加热　　D. 初加工
31. 菜肴的品质由原料决定，原料的（　）直接决定了菜肴的档次。
    A. 数量　　　　B. 质量　　　　C. 组合　　　　D. 品种
32. 菜肴的品质由（　）决定，原料的组合直接决定了菜肴的档次。
    A. 原料　　　　B. 主料　　　　C. 辅料　　　　D. 调料
33. 原料的外形取决于刀工，而菜肴的（　）则由配菜来决定。
    A. 质量　　　　B. 外观　　　　C. 色彩　　　　D. 档次
34. 配菜时所选用材料的（　）和分量，将直接影响菜肴的成本。
    A. 品质　　　　B. 口味　　　　C. 价值　　　　D. 色彩
35. 配菜时所选用材料的价值和（　），将直接影响菜肴的成本。
    A. 配料　　　　B. 品种　　　　C. 调料　　　　D. 分量
36. 配菜确定菜肴的（　）价值。
    A. 观赏　　　　B. 营养　　　　C. 营销　　　　D. 食用
37. 单一料是指由一种（　）构成的菜肴。
    A. 主料　　　　B. 配料　　　　C. 调料　　　　D. 原料
38. 单一原料菜肴主要以品尝该原料特有的（　）为目的。
    A. 口味　　　　B. 风味　　　　C. 质感　　　　D. 口感
39. 由主料与辅料配合的菜肴，主料占（　）的重要地位。
    A. 品质上　　　B. 数量上　　　C. 色彩上　　　D. 口味上
40. 所谓不分主辅料的配合，是指由两种或两种以上分量略同的材料所构成的菜肴，其中（　）不必加以区分。
    A. 主辅料　　　B. 颜色　　　　C. 口味　　　　D. 形态
41. 菜肴配色依实际情形而定，但以色彩调和、（　）为原则。
    A. 易于操作　　B. 荤素搭配　　C. 具有美感　　D. 口感统一
42. 大多数原料本身具有独特的香与味，但烹调的香与味需经过（　）与调味后才能真正地展现出来。

A. 选择　　　　　B. 搭配　　　　　C. 油炸　　　　　D. 加热

43. 大多数原料本身具有独特的香与味,但烹调的香与味需经过加热与( )后才能真正地展现出来。

A. 选择　　　　　B. 搭配　　　　　C. 调味　　　　　D. 调和

44. 配菜要熟悉( ),了解菜肴名称与烹调特征,精通刀工,熟谙烹调等。

A. 核算知识　　　B. 营养知识　　　C. 原料知识　　　D. 服务知识

45. 配菜要熟悉原料知识,了解菜肴名称与( ),精通刀工,熟谙烹调等。

A. 成本核算　　　B. 营养价值　　　C. 菜肴价格　　　D. 烹调特征

46. 排菜(南方人称打荷)的主要任务包括调整好上菜次序、( )程序和原料的初加工等。

A. 吃菜　　　　　B. 派菜　　　　　C. 品菜　　　　　D. 制菜

47. 排菜在厨房菜肴( )和保证成品的及时供应方面,发挥着不可替代的作用。

A. 调味　　　　　B. 品味　　　　　C. 制作　　　　　D. 保存

48. 排菜在厨房菜肴制作和保证成品的( )供应方面,发挥着不可替代的作用。

A. 稳定　　　　　B. 快速　　　　　C. 定量　　　　　D. 及时

49. 排菜的结束收尾工作不包括( )。

A. 存放各种调料用料　　　　　B. 清理排菜台
C. 了解当日各种订单　　　　　D. 做好交接班

50. 排菜要熟悉各类( )、用具的使用和保管。

A. 锅勺　　　　　B. 筒勺　　　　　C. 餐具　　　　　D. 炊具

厨房卫生与安全

一、判断题(将判断结果填入括号中。正确的填"√",错误的填"×")

1. 厨房必须设有防蝇、防尘、防鼠、洗涤、洗手、消毒、排污水和存放废物的设备。
(　　)

2. 厨房必须设有防蝇、防尘、防盗、洗涤、洗手、消毒、排污水和存放杂物的设备。
(　　)

3. 饮食业用具实行"四过关"，即一洗，二刷，三冲，四消毒（蒸汽或开水）。（   ）
4. 饮食业用具用洗洁精清洗后消毒即可。（   ）
5. 一切从事烹调工作的人员都要坚决贯彻执行《中华人民共和国食品安全法》，做好食品卫生工作。（   ）
6. 细菌性食物中毒高发季节通常为1—3月。（   ）
7. 细菌性食物中毒高发季节通常为5—10月。（   ）
8. 化学中毒分为硅中毒、铜中毒、银中毒和亚硝酸盐中毒等。（   ）
9. 预防食物中毒的措施包括防止食品污染、控制细菌繁殖和彻底消灭病原体。（   ）
10. 在厨房工作时，要防止割伤、跌伤、扭伤等。（   ）
11. 在厨房工作时，要防止烫伤、割伤，不会出现跌伤。（   ）
12. 使用厨房中的各种设备时，要防止烫伤、电击伤等。（   ）

二、单项选择题（选择一个正确的答案，将相应的字母填入题内的括号中）

1. 厨房必须设有防蝇、（   ）、防鼠、洗涤、洗手、消毒、排污水和存放废物的设备。
   A. 防烟   B. 防尘   C. 防火   D. 防盗
2. 厨房必须设有防蝇、防尘、防鼠、洗涤、洗手、消毒、（   ）和存放废物的设备。
   A. 杀菌   B. 防盗   C. 排污物   D. 排污水
3. 饮食业个人卫生要做到"（   ）"。
   A. 四定   B. 四过关   C. 四勤   D. 四快
4. 饮食业用具实行"（   ）"，即一洗，二刷，三冲，四消毒（蒸汽或开水）。
   A. 四过关   B. 四勤   C. 四不   D. 四定
5. 一切从事（   ）的人员都要坚决贯彻执行《中华人民共和国食品安全法》，做好食品卫生工作。
   A. 医务工作   B. 运输工作   C. 烹调工作   D. 安全工作
6. （   ）食物中毒高发季节通常为5—10月。
   A. 植物性   B. 化学性   C. 细菌性   D. 动物性
7. 细菌性食物中毒高发季节通常为（   ）。
   A. 11—12   B. 10—11   C. 3—4   D. 5—10

8. 食用有毒动物中毒是指吃了有毒畜、禽或水产品，如（　　）引起的中毒。
   A. 河豚　　　　B. 舌鳎　　　　C. 鲳鱼　　　　D. 青鱼
9. 化学中毒分为砷中毒、（　　）、锌中毒和亚硝酸盐中毒等。
   A. 硅中毒　　　B. 煤气中毒　　C. 铅中毒　　　D. 银中毒
10. 化学中毒分为砷中毒、铅中毒、锌中毒和（　　）等。
    A. 硅中毒　　　B. 煤气中毒　　C. 银中毒　　　D. 亚硝酸盐中毒
11. 在厨房工作时，要特别注意防止（　　）、跌伤、扭伤等。
    A. 压伤　　　　B. 撞伤　　　　C. 割伤　　　　D. 冻伤
12. 在厨房工作时，要特别注意防止割伤、（　　）、扭伤等。
    A. 挤伤　　　　B. 压伤　　　　C. 冻伤　　　　D. 跌伤
13. 使用厨房中的设备时，要防止（　　）、电击伤等。
    A. 烫伤　　　　B. 压伤　　　　C. 割伤　　　　D. 跌伤
14. 厨房中引起火灾的主要有油、（　　）、电等危险因素。
    A. 食物废料　　B. 污水　　　　C. 煤气　　　　D. 油烟

刀工操作

一、判断题（将判断结果填入括号中。正确的填"√"，错误的填"×"）

1. 刀工操作时，切忌弯腰曲背。　　　　　　　　　　　　　　　　　　（　　）
2. 刀工操作要求是：所切制的原料要整齐划一。　　　　　　　　　　　（　　）

二、单项选择题（选择一个正确的答案，将相应的字母填入题内的括号中）

1. 正确的刀工操作姿势是：两脚成（　　），上身略向前倾，自然放松。
   A. 前后步　　　B. 丁字步　　　C. 八字步　　　D. 平行步
2. 正确的刀工操作姿势是：身体与砧板保持一定距离，约（　　）cm。
   A. 8　　　　　　B. 10　　　　　C. 12　　　　　D. 15
3. 刀工操作要求是：切豆腐类松软原料应用（　　）。
   A. 直切法　　　B. 推切法　　　C. 拉切法　　　D. 铡切法

焖、烧类菜肴的烹制方法

一、判断题（将判断结果填入括号中。正确的填"√"，错误的填"×"）

1. 用"烧"的技法烹制的菜肴有红烧甩水、红烧鳊鱼、八宝辣酱、虾仁豆腐等。
（　　）

2. "焖"是原料以水为主要传热介质，经"大火→长时间小火→大火"加热，成菜酥烂软糯、汁浓味厚的一种烹调方法。
（　　）

二、单项选择题（选择一个正确的答案，将相应的字母填入题内的括号中）

1. 用"烧"的技法烹制的菜肴有红烧甩水、红烧鳊鱼、（　　）、虾仁豆腐等。

　　A. 咕咾肉　　　　B. 八宝辣酱　　　C. 香酥鸭　　　　D. 酸辣汤

2. "焖"是原料以水为主要传热介质，经（　　）加热，成菜酥烂软糯、汁浓味厚的一种烹调方法。

　　A. "大火→长时间小火→大火"　　　B. "大火→短时间小火→大火"

　　C. "旺火→文火→旺火"　　　　　　D. "文火→旺火→文火"

爆、炒类菜肴的烹制方法

一、判断题（将判断结果填入括号中。正确的填"√"，错误的填"×"）

1. "爆"是韧性原料以油为主要传热介质，在极短时间内用旺火灼烫成熟，调味成菜的烹调方法。
（　　）

2. 用"爆"的技法烹制的菜肴有油爆双花、菜爆墨鱼卷、油爆虾、酱爆鸡丁等。
（　　）

二、单项选择题（选择一个正确的答案，将相应的字母填入题内的括号中）

1. 用"爆"的技法烹制的菜肴有油爆双花、（　　）。

　　A. 椒盐排条　　　B. 菜爆墨鱼卷　　C. 咕咾肉　　　　D. 宫保鸡丁

2. "炒"是以油或油与金属为主要传热介质，将（　　）用中、旺火在较短时间内加热成熟，调味成菜的烹调方法。

  A. 韧性原料   B. 脆性原料   C. 小型原料   D. 大型原料

炸、熘类菜肴的烹制方法

  一、判断题（将判断结果填入括号中。正确的填"√"，错误的填"×"）

  1."炸"是以油为导热体，原料在大油锅中必经高温阶段加热，成菜具有香、酥、脆、嫩的特点，不带卤汁的一种烹调方法。（ ）

  2. 用"炸"的技法烹制的菜肴有椒盐排条、芝麻鱼条等。（ ）

  3."炸"的特点之一是能使成品具有外脆里软的特殊质感。（ ）

  4."熘"是原料用某一种基本烹调方法加热成熟后，包裹上或浇淋上即时调制成的卤汁的烹调方法。（ ）

  5. 用"熘"的技法烹制的菜肴有咕咾肉、西湖醋鱼、糟熘鱼片等。（ ）

  二、单项选择题（选择一个正确的答案，将相应的字母填入题内的括号中）

  1."炸"是以油为导热体，油与原料之比为（ ）以上。

  A. 1∶1   B. 2∶1   C. 3∶1   D. 4∶1

  2. 用"炸"的技法烹制的菜肴有椒盐排条、（ ）等。

  A. 咕咾肉   B. 芝麻鱼条   C. 菊花鱼球   D. 糖醋鱼

  3. 原料用某一种基本烹调方法加热成熟后，包裹上或浇淋上即时调制成的卤汁的烹调方法称为（ ）。

  A. 炸   B. 烤   C. 熘   D. 卤

  4. 用"熘"的技法烹制的菜肴有咕咾肉、（ ）、糟熘鱼片等。

  A. 炸鱼条   B. 椒盐排条   C. 炒鱼片   D. 西湖醋鱼

  5. 用（ ）的技法烹制的代表菜肴为西湖醋鱼、五柳鱼等。

  A. 脆熘   B. 软熘   C. 醋熘   D. 滑熘

烩、汆、煮类菜肴的烹制方法

一、判断题（将判断结果填入括号中。正确的填"√"，错误的填"×"）

1. 细碎的原料以水为传热介质，经大、中火短时间加热，成品半汤半菜勾薄芡，这种烹调方法称为"烩"。（　　）
2. 用"烩"的技法烹制的名菜有酸辣汤、五彩稀卤鸡米、家常豆腐等。（　　）
3. "汆"是细薄的原料以水为传热介质，经大火短时间加热成菜，成菜汤多于原料的烹调方法。（　　）

二、单项选择题（选择一个正确的答案，将相应的字母填入题内的括号中）

1. 细碎的原料以水为传热介质，经大、中火短时间加热，成品半汤半菜勾薄芡，这种烹调方法称为（　　）。

　　A. 烩　　　　　　B. 汆　　　　　　C. 煮　　　　　　D. 炖

2. 用"烩"的技法烹制的菜肴有五彩稀卤鸡、（　　）等。

　　A. 西湖醋鱼　　　B. 海鲜羹　　　　C. 家常豆腐　　　D. 青椒鱼丝

冷菜制作

一、判断题（将判断结果填入括号中。正确的填"√"，错误的填"×"）

1. 冷菜常以首菜入席，起到先导作用。（　　）
2. 冷菜虽然风味独特，但不可以独立成席。（　　）
3. "先烹调后刀工"是冷菜的制作特点。（　　）
4. "春腊、夏拌、秋糟、冬冻"充分体现了冷菜的季节性特点。（　　）
5. 冷菜以干香浓郁、清凉爽口、少汤少汁、鲜醇不腻为主要特点。（　　）

二、单项选择题（选择一个正确的答案，将相应的字母填入题内的括号中）

1. 冷菜不受（　　）限制，搁久了滋味不会受到影响，所以它是理想的佐餐佳肴。

　　A. 季节　　　　　B. 场合　　　　　C. 温度　　　　　D. 制作

2. 冷菜一般具有（　　）等特点，所以它便于携带。
   A. 可提前备货　　B. 滋味稳定　　C. 无汁无腻　　D. 风味独特
3. 冬季腌制的腊味，需经一段（　　）过程，只有开春时食用，才会觉得味美。
   A. 调味　　　　　B. 着味　　　　C. 冷冻　　　　D. 发酵
4. 冷菜的季节性在春天以（　　）为典型代表。
   A. "春腊"　　　B. "春糟"　　　C. "春冻"　　　D. "春拌"
5. 制法以拌、炝、腌为代表的冷菜，其风味质感以（　　）为特点。
   A. 鲜香、脆嫩、爽口　　　　　B. 鲜香、脆嫩、酥烂
   C. 醇香、脆嫩、味厚　　　　　D. 醇香、酥烂、味厚

第4部分

操作技能复习题

分档取料

青鱼分档出骨（试题代码①：1.1.1；考核时间：8 min）

1. 试题单

（1）操作条件

1）新鲜青鱼 1 500 g 左右一条（已宰杀）（自备）。

2）刀工操作料理台等相关刀工设备与工具（刀具自备）。

3）盛器。

（2）操作内容。将青鱼分档出骨。

（3）操作要求

1）原料选用。选用新鲜青鱼为原料，不能带成品或半成品入场，否则即为不合格。

2）成品要求

①青鱼分档后装盆规格。鱼头，鱼尾，中段：一片鱼肉不带皮不带骨、一张鱼皮，另一片带皮连肚档，一副骨架。分档后的下脚料须一起交上来。

②分档出骨要求。落刀正确，刀口光滑；鱼肉完整，不带骨，不带皮；鱼骨上不粘肉，

---

① 试题代码表示该试题在操作技能考核方案表格中的所属位置。左起第一位表示项目号，第二位表示单元号，第三位表示在该项目、单元下的第几个试题。

鱼皮完整不破；成品干净卫生。

3）操作过程。规范、姿势正确、动作熟练、卫生、安全。

2. 评分表

序号	试题代码及名称		1.1.1 青鱼分档出骨		考核时间	8 min
	评价要素	配分	等级	评分细则	评定等级 A B C D E	得分
1	原料选用与操作过程： (1) 选用新鲜青鱼为原料 (2) 原料 1 500 g 左右 (3) 操作程序规范、姿势正确、动作熟练 (4) 卫生、安全	3	A B C D E	符合要求 符合3项要求 符合2项要求 符合1项要求 差或未答题		
2	刀工成形： (1) 成形规格：鱼头、鱼尾、中段：一片鱼肉不带皮不带骨、一张鱼皮，另一片带皮连肚档，一副骨架。分档后的下脚料须一起交上来（不符合该条要求者最高得分为D） (2) 落刀正确，刀口光滑 (3) 鱼肉完整，不带骨，不带皮 (4) 鱼骨上不粘肉，鱼皮完整不破 (5) 成品干净卫生	7	A B C D E	符合要求 符合4项要求 符合3项要求 符合1～2项要求 差或未答题		
	合计配分	10		合计得分		
	备注			否决项：不能带成品或半成品入场，否则即为E		

等级	A（优）	B（良）	C（及格）	D（较差）	E（差或未答题）
比值	1.0	0.8	0.6	0.2	0

"评价要素"得分＝配分×等级比值。

动物性原料加工成形

一、加工鱼丝（试题代码：1.2.1；考核时间：10 min）

1. 试题单

(1) 操作条件

1) 带皮青鱼肉 200 g（自备）。

2) 刀工操作料理台等相关刀工设备与工具（刀具自备）。

3) 盛器。

(2) 操作内容。将鱼肉加工成丝。

(3) 操作要求

1) 原料选用。选用新鲜青鱼肉为原料，不能带成品或半成品入场，否则即为不合格。

2) 成品要求。鱼丝成品 120 g 及以上；成品规格：长为 7～7.5 cm，粗细为 0.25～0.3 cm；粗细均匀，整齐划一；刀口光洁，不连刀，不带皮，碎粒少；成品干净卫生。

3) 操作过程。规范、姿势正确、动作熟练、卫生、安全。

2. 评分表

试题代码及名称			1.2.1 加工鱼丝		考核时间				10 min
序号	评价要素	配分	等级	评分细则	评定等级				得分
					A	B	C	D	E	
1	原料选用与操作过程： (1) 选用新鲜带皮青鱼肉为原料 (2) 原料 200 g (3) 操作程序规范、姿势正确、动作熟练 (4) 卫生、安全	3	A	符合要求						
			B	符合 3 项要求						
			C	符合 2 项要求						
			D	符合 1 项要求						
			E	差或未答题						
2	刀工成形： (1) 鱼丝成品 120 g 及以上（不足 120 g 最高得分为 D） (2) 鱼丝长为 7～7.5 cm，粗细为 0.25～0.3 cm (3) 粗细均匀，整齐划一 (4) 刀口光洁，不连刀，不带皮，碎粒少 (5) 成品干净卫生	7	A	符合要求						
			B	符合 4 项要求						
			C	符合 3 项要求						
			D	符合 1～2 项要求						
			E	差或未答题						
合计配分		10	合计得分							
备注			否决项：不能带成品或半成品入场，否则即为 E							

等级	A（优）	B（良）	C（及格）	D（较差）	E（差或未答题）
比值	1.0	0.8	0.6	0.2	0

"评价要素"得分＝配分×等级比值。

二、加工鱼片（试题代码1.2.2；考核时间：10min）

1. 试题单

（1）操作条件

1）带皮青鱼肉200 g（自备）。

2）刀工操作料理台等相关刀工设备与工具（刀具自备）。

3）盛器。

（2）操作内容。将鱼肉加工成片。

（3）操作要求

1）原料选用。选用新鲜青鱼肉为原料，不能带成品或半成品入场，否则即为不合格。

2）成品要求。鱼片成品130 g及以上；成品规格长为7 cm左右，宽为3.5～4 cm，厚为0.25～0.3 cm；大小长短一致，厚薄均匀，整齐划一；刀口光洁，不连刀，不带皮，碎粒少；成品干净卫生。

3）操作过程。规范、姿势正确、动作熟练、卫生、安全。

2. 评分表

试题代码及名称				1.2.2 加工鱼片		考核时间				10 min
序号	评价要素	配分	等级	评分细则	评定等级					得分
					A	B	C	D	E	
1	原料选用与操作过程： （1）选用新鲜带皮青鱼肉为原料 （2）原料200 g （3）操作程序规范、姿势正确、动作熟练 （4）卫生、安全	3	A	符合要求						
			B	符合3项要求						
			C	符合2项要求						
			D	符合1项要求						
			E	差或未答题						

续表

试题代码及名称			1.2.2 加工鱼片						考核时间	10 min
序号	评价要素	配分	等级	评分细则	\multicolumn{5}{c}{评定等级}	得分
					A	B	C	D	E	
2	刀工成形： （1）鱼片成品 130 g 及以上（不足 130 g 最高得分为 D） （2）鱼片长为 7 cm 左右，宽为 3.5～4 cm，厚为 0.25～0.3 cm （3）大小长短一致，厚薄均匀，整齐划一 （4）刀口光洁，不连刀，不带皮，碎粒少 （5）成品干净卫生	7	A	符合要求						
			B	符合 4 项要求						
			C	符合 3 项要求						
			D	符合 1～2 项要求						
			E	差或未答题						
合计配分		10		合计得分						
备注			否决项：不能带成品或半成品入场，否则即为 E							

等级	A（优）	B（良）	C（及格）	D（较差）	E（差或未答题）
比值	1.0	0.8	0.6	0.2	0

"评价要素"得分＝配分×等级比值。

植物性原料加工成形

一、加工姜片（试题代码：1.3.1；考核时间：8 min）

1. 试题单

（1）操作条件

1）带皮生姜 2 块（自备）。

2）刀工操作料理台等相关刀工设备与工具（刀具自备）。

3）盛器。

（2）操作内容。将生姜块加工成薄片。

（3）操作要求

1) 操作过程。规范、姿势正确、动作熟练、卫生、安全。不能带成品或半成品入场，否则即为不合格。

2) 成品要求。姜片成品20片及以上；成品规格：长为5 cm，宽为1.8 cm，厚为0.03 cm；片形光滑、均匀、完整，无连刀；成品干净卫生。

2. 评分表

序号	试题代码及名称		1.3.1 加工姜片		考核时间			8 min	
	评价要素	配分	等级	评分细则	评定等级				得分
					A	B	C	D	E	
1	原料选用与操作过程： (1) 生姜2块 (2) 操作规范 (3) 姿势正确、动作熟练 (4) 卫生、安全	2	A	符合要求						
			B	符合3项要求						
			C	符合2项要求						
			D	符合1项要求						
			E	差或未答题						
2	刀工成形： (1) 姜片成品20片及以上（不足20片最高得分为D） (2) 成品规格：长为5 cm，宽为1.8 cm，厚为0.03 cm (3) 片形光滑、完整 (4) 片形均匀、无连刀 (5) 成品干净卫生	6	A	符合要求						
			B	符合4项要求						
			C	符合3项要求						
			D	符合1~2项要求						
			E	差或未答题						
	合计配分		8		合计得分					
	备注				否决项：不能带成品或半成品入场，否则即为E					

等级	A（优）	B（良）	C（及格）	D（较差）	E（差或未答题）
比值	1.0	0.8	0.6	0.2	0

"评价要素"得分＝配分×等级比值。

二、加工姜丝（试题代码：1.3.2；考核时间：8 min）

1. 试题单

(1) 操作条件

1) 带皮生姜2块（自备）。

2) 刀工操作料理台等相关刀工设备与工具（刀具自备）。

3) 盛器。

（2）操作内容。将生姜块加工成细丝。

（3）操作要求

1) 操作过程。规范、姿势正确、动作熟练、卫生、安全。不能带成品或半成品入场，否则即为不合格。

2) 成品要求。姜丝成品 50 g 及以上；成品规格：长为 5 cm，细为 0.04 cm；粗细均匀，刀口光滑，不连不碎；成品干净卫生。

2. 评分表

试题代码及名称			1.3.2 加工姜丝		考核时间				8 min
序号	评价要素	配分	等级	评分细则	评定等级				得分
					A	B	C	D	E	
1	原料选用与操作过程： (1) 生姜2块 (2) 操作规范 (3) 姿势正确、动作熟练 (4) 卫生、安全	2	A	符合要求						
			B	符合3项要求						
			C	符合2项要求						
			D	符合1项要求						
			E	差或未答题						
2	刀工成形： (1) 成品 50 g 及以上（不足 50 g 最高得分为 D） (2) 成品规格：长为 5 cm，细为 0.04 cm (3) 粗细均匀 (4) 刀口光滑，不连不碎 (5) 成品干净卫生	6	A	符合要求						
			B	符合4项要求						
			C	符合3项要求						
			D	符合1~2项要求						
			E	差或未答题						
合计配分		8	合计得分							
备注			否决项：不能带成品或半成品入场，否则即为 E							

等级	A（优）	B（良）	C（及格）	D（较差）	E（差或未答题）
比值	1.0	0.8	0.6	0.2	0

"评价要素"得分＝配分×等级比值。

剞花刀

一、剞兰花豆腐干（试题代码：1.4.1；考核时间：10 min）

1. 试题单

（1）操作条件

1）白方豆腐干4块（自备）。

2）刀工操作料理台等相关刀工设备与工具（刀具自备）。

3）盛器。

（2）操作内容。剞兰花豆腐干。

（3）操作要求

1）操作过程。规范、姿势正确、动作熟练、卫生、安全。不能带成品或半成品入场，否则即为不合格。

2）成品要求。兰花豆腐干成品4块；呈兰花形，花形完整、美观；刀距为0.3 cm，刀距相等，深浅一致；成品能拉至原豆腐干2倍或以上长度；成品干净卫生。

2. 评分表

序号	试题代码及名称		1.4.1 剞兰花豆腐干		考核时间		10 min			
	评价要素	配分	等级	评分细则	评定等级					得分
					A	B	C	D	E	
1	原料选用与操作过程： （1）白方豆腐干4块 （2）操作规范 （3）姿势正确、动作熟练 （4）卫生、安全	2	A	符合要求						
			B	符合3项要求						
			C	符合2项要求						
			D	符合1项要求						
			E	差或未答题						

续表

试题代码及名称		1.4.1 剞兰花豆腐干		考核时间	10 min
序号	评价要素	配分	等级	评分细则	评定等级	得分

序号	评价要素	配分	等级	评分细则	A	B	C	D	E	得分
2	刀工成形： (1) 兰花豆腐干成品4块（不足4块最高得分为D） (2) 呈兰花形，花型完整、美观 (3) 刀距为0.3 cm，刀距相等，深浅一致 (4) 成品长度能拉至原豆腐干2倍或以上 (5) 成品干净卫生	6	A	符合要求						
			B	符合4项要求						
			C	符合3项要求						
			D	符合1~2项要求						
			E	差或未答题						
	合计配分	8		合计得分						
	备注			否决项：不能带成品或半成品入场，否则即为E						

等级	A（优）	B（良）	C（及格）	D（较差）	E（差或未答题）
比值	1.0	0.8	0.6	0.2	0

"评价要素"得分＝配分×等级比值。

二、剞鱿鱼卷（试题代码：1.4.2；考核时间：10 min）

1. 试题单

(1) 操作条件

1) 鱿鱼2只（自备）。

2) 刀工操作料理台等相关刀工设备与工具（刀具自备）。

3) 开水锅（用于烫鱿鱼卷）。

4) 盛器。

(2) 操作内容

1) 剞鱿鱼卷。

2) 烫鱿鱼卷。

(3) 操作要求

1) 操作过程。规范、姿势正确、动作熟练、卫生、安全。不能带成品或半成品入场，否则即为不合格。

2) 成品要求。鱿鱼卷成品12个；呈麦穗形、花形完整、卷曲美观；刀距相等，深浅一致；瓣粒均匀，大小一致；成品干净卫生。

2. 评分表

试题代码及名称			1.4.2 剞鱿鱼卷		考核时间	10 min	
序号	评价要素	配分	等级	评分细则	评定等级 A B C D E		得分
1	原料选用与操作过程： (1) 鱿鱼2只 (2) 操作规范 (3) 姿势正确、动作熟练 (4) 卫生、安全	2	A B C D E	符合要求 符合3项要求 符合2项要求 符合1项要求 差或未答题			
2	刀工成形： (1) 鱿鱼卷成品12个（不足10个最高得分为D） (2) 呈麦穗形、花形完整、卷曲美观 (3) 刀距相等，深浅一致 (4) 瓣粒均匀，大小一致 (5) 成品干净卫生	6	A B C D E	符合要求 符合4项要求 符合3项要求 符合1~2项要求 差或未答题			
合计配分		8		合计得分			
备注				否决项：不能带成品或半成品入场，否则即为E			

等级	A（优）	B（良）	C（及格）	D（较差）	E（差或未答题）
比值	1.0	0.8	0.6	0.2	0

"评价要素"得分＝配分×等级比值。

单拼冷盆制作

一、制作馒头形白切鸡（试题代码：2.1.1；考核时间：10 min）

1. 试题单

(1) 操作条件

1) 熟的嫩鸡半只（自备）。

2) 刀工操作料理台等相关刀工设备与工具（刀具自备）。

3) 盛器。

(2) 操作内容。制作冷盆"馒头形白切鸡"。

(3) 操作要求

1) 操作过程。规范、姿势正确、动作熟练、卫生、安全。不能带成品或半成品入场，否则即为不合格。

2) 成品要求。呈馒头形，块形大小适宜、均匀；内外一致，无连刀块；装盘饱满、完整、美观；成品安全卫生。

2. 评分表

试题代码及名称			2.1.1 制作馒头形白切鸡		考核时间					10 min
序号	评价要素	配分	等级	评分细则	评定等级					得分
					A	B	C	D	E	
1	原料选用与操作过程： (1) 熟的嫩鸡半只 (2) 操作程序规范 (3) 姿势正确、动作熟练 (4) 卫生、安全	2	A	符合要求						
			B	符合3项要求						
			C	符合2项要求						
			D	符合1项要求						
			E	差或未答题						
2	刀工成形： (1) 呈馒头形 (2) 块形大小适宜、均匀 (3) 内外一致，无连刀块 (4) 装盘饱满、完整、美观 (5) 成品安全卫生	5	A	符合要求						
			B	符合4项要求						
			C	符合3项要求						
			D	符合1~2项要求						
			E	差或未答题						
合计配分		7	合计得分							
备注			否决项：不能带成品或半成品入场，否则即为E							

等级	A（优）	B（良）	C（及格）	D（较差）	E（差或未答题）
比值	1.0	0.8	0.6	0.2	0

"评价要素"得分=配分×等级比值。

二、制作桥形方腿（试题代码：2.1.2；考核时间：10 min）

1. 试题单

（1）操作条件

1) 方腿 250 g（自备）。

2) 刀工操作料理台等相关刀工设备与工具（刀具自备）。

3) 盛器。

（2）操作内容。制作冷盆"桥形方腿"。

（3）操作要求

1) 操作过程。规范、姿势正确、动作熟练、卫生、安全。不能带成品或半成品入场，否则即为不合格。

2) 成品要求。呈桥形，排列整齐；盖面不少于 12 片；片形大小、厚薄一致，刀面光滑；装盘饱满、美观；成品安全卫生。

2. 评分表

序号	试题代码及名称		2.1.2 制作桥形方腿		考核时间	10 min			
	评价要素	配分	等级	评分细则	评定等级				得分
					A	B	C	D	E	
1	原料选用与操作过程： （1）方腿 250 g （2）操作程序规范 （3）姿势正确、动作熟练 （4）卫生、安全	2	A	符合要求						
			B	符合3项要求						
			C	符合2项要求						
			D	符合1项要求						
			E	差或未答题						
2	刀工成形： （1）呈桥形，排列整齐 （2）盖面不少于12片 （3）片形大小、厚薄一致，刀面光滑 （4）装盘饱满、美观 （5）成品安全卫生	5	A	符合要求						
			B	符合4项要求						
			C	符合3项要求						
			D	符合1~2项要求						
			E	差或未答题						
	合计配分	7		合计得分						
	备注			否决项：不能带成品或半成品入场，否则即为 E						

等级	A（优）	B（良）	C（及格）	D（较差）	E（差或未答题）
比值	1.0	0.8	0.6	0.2	0

"评价要素"得分＝配分×等级比值。

双拼冷盆制作

见"第6部分　操作技能考核模拟试卷"。

炒（肉丝）类菜肴制作

一、制作银芽肉丝（试题代码：3.1.2；考核时间：30 min）

1. 试题单

（1）操作条件

1）原料（主料、辅料、特殊调料）自备。

2）烹饪操作料理台、炉灶锅具等相关设备工具。

3）盛器。

（2）操作内容。制作菜肴"银芽肉丝"。

1）原料刀工处理等。

2）上浆。

3）烹制菜肴。

4）装盆。

（3）操作要求

1）必须在现场将肉丝刀工成形，现场上浆。不能带成品或半成品入场，否则即为不合格。

2）操作熟练、规范、卫生、安全，遵守考场纪律，不超时。

3）成品要求。色泽：肉丝洁白，银芽银白，芡汁紧包有光亮明油恰当，无焦黑小点；形态：肉丝长度粗细符合标准，银芽丝长度粗细相配，主料配料数量及比例正确，肉丝无结团、碎粒现象，盛装器皿选用正确，装盘圆润饱满；香味：清香气味浓，肉丝无腥气味，银芽无生腥气味，无枯焦气味；口感：肉丝上浆基本味适口，卤汁咸鲜味适宜，银芽无涩味、异味；质感：银芽丝脆嫩，肉丝口感滑嫩，无不熟或枯焦现象。

2. 评分表

试题代码及名称			3.1.2 制作银芽肉丝		考核时间			30 min		
序号	评价要素	配分	等级	评分细则	评定等级					得分
					A	B	C	D	E	
1	色泽： (1) 肉丝洁白 (2) 银芽银白 (3) 荧汁紧包有光亮 (4) 明油恰当 (5) 无焦黑小点	3	A	符合要求						
			B	符合4项要求						
			C	符合3项要求						
			D	符合1~2项要求						
			E	差或未答题						
2	形态： (1) 肉丝长度粗细符合标准 (2) 银芽丝长度粗细相配 (3) 主料配料数量及比例正确 (4) 肉丝无结团、碎粒现象 (5) 盛装器皿选用正确 (6) 装盘圆润饱满	4	A	符合要求						
			B	符合5项要求						
			C	符合3~4项要求						
			D	符合1~2项要求						
			E	差或未答题						
3	香味： (1) 清香气味浓 (2) 肉丝无腥气味 (3) 银芽无生腥气味 (4) 无枯焦气味	3	A	符合要求						
			B	符合3项要求						
			C	符合2项要求						
			D	符合1项要求						
			E	差或未答题						
4	口感： (1) 肉丝上浆基本味适口 (2) 卤汁咸鲜味适宜 (3) 银芽无涩味 (4) 无异味	3	A	符合要求						
			B	符合3项要求						
			C	符合2项要求						
			D	符合1项要求						
			E	差或未答题						

续表

试题代码及名称			3.1.2 制作银芽肉丝		考核时间	30 min
序号	评价要素	配分	等级	评分细则	评定等级 A B C D E	得分
5	质感： (1) 肉丝选料新鲜 (2) 银芽丝脆嫩 (3) 肉丝口感滑嫩 (4) 无不熟或枯焦现象	3	A B C D E	符合要求 符合3项要求 符合2项要求 符合1项要求 差或未答题		
6	现场操作过程： (1) 规范 (2) 熟练 (3) 卫生 (4) 安全	2	A B C D E	符合要求 符合3项要求 符合2项要求 符合1项要求 差或未答题		
合计配分		18		合计得分		
备注			否决项：肉丝必须现场加工，不能带成品或半成品入场，否则即为E			

等级	A（优）	B（良）	C（及格）	D（较差）	E（差或未答题）
比值	1.0	0.8	0.6	0.2	0

"评价要素"得分＝配分×等级比值。

二、制作鱼香肉丝（试题代码：3.1.3；考核时间：30 min）

1. 试题单

（1）操作条件

1）原料（主料、辅料、特殊调料）自备。

2）烹饪操作料理台、炉灶锅具等相关设备工具。

3）盛器。

（2）操作内容。制作菜肴"鱼香肉丝"。

1）原料刀工处理等。

2）上浆。

3) 烹制菜肴。

4) 装盆。

(3) 操作要求

1) 必须在现场将肉丝刀工成形，现场上浆。不能带成品或半成品入场，否则即为不合格。

2) 操作熟练、规范、卫生、安全，遵守考场纪律，不超时。

3) 成品要求。色泽：红亮，四川豆瓣辣酱用量正确适当，酱油添加合适，红油使用恰如其分；形态：肉丝长度、粗细符合标准，主料配料数量及比例正确，肉丝无结团、碎粒现象，盛装器皿选用正确，装盘圆润饱满；香味：鱼香味浓郁，葱、姜、蒜三香用量恰当，泡淑丝数量恰当，葱、姜、蒜、泡椒丝煸炒适宜，无枯焦气味；口感：酸甜辣平衡，糖醋比例得当，辣味适宜，肉丝基本味适中，卤汁适量；质感：肉丝柔滑软嫩，肉丝上浆得当，油温掌握适宜，翻炒及时，勾芡厚薄适度。

2. 评分表

试题代码及名称			3.1.3 制作鱼香肉丝		考核时间			30 min	
序号	评价要素	配分	等级	评分细则	评定等级				得分
					A	B	C	D	E	
1	色泽： (1) 红亮 (2) 四川豆瓣辣酱用量正确适当 (3) 酱油添加合适 (4) 红油使用恰如其分	3	A	符合要求					
			B	符合3项要求					
			C	符合2项要求					
			D	符合1项要求					
			E	差或未答题					
2	形态： (1) 肉丝长短、粗细符合要求 (2) 主料配料数量及比例正确 (3) 肉丝无结团、碎粒现象 (4) 盛装器皿选用正确 (5) 装盘圆润饱满	4	A	符合要求					
			B	符合4项要求					
			C	符合3项要求					
			D	符合1~2项要求					
			E	差或未答题					

续表

试题代码及名称			3.1.3 制作鱼香肉丝		考核时间				30 min

序号	评价要素	配分	等级	评分细则	评定等级 A	B	C	D	E	得分
3	香味： (1) 鱼香味浓郁 (2) 葱、姜、蒜三香用量恰当 (3) 泡淑丝数量恰当 (4) 葱、姜、蒜、泡淑丝煸炒适宜 (5) 无枯焦气味	3	A B C D E	符合要求 符合4项要求 符合3项要求 符合1~2项要求 差或未答题						
4	口感： (1) 酸甜辣平衡 (2) 糖醋比例得当 (3) 辣味适宜 (4) 肉丝基本味适中 (5) 卤汁适量	3	A B C D E	符合要求 符合4项要求 符合3项要求 符合1~2项要求 差或未答题						
5	质感： (1) 肉丝柔滑软嫩 (2) 肉丝上浆得当 (3) 油温掌握适宜 (4) 翻炒及时 (5) 勾芡厚薄适度	3	A B C D E	符合要求 符合4项要求 符合3项要求 符合1~2项要求 差或未答题						
6	现场操作过程： (1) 规范 (2) 熟练 (3) 卫生 (4) 安全	2	A B C D E	符合要求 符合3项要求 符合2项要求 符合1项要求 差或未答题						
	合计配分	18		合计得分						
	备注		否决项：肉丝必须现场加工，不能带成品或半成品入场，否则即为E							

等级	A（优）	B（良）	C（及格）	D（较差）	E（差或未答题）
比值	1.0	0.8	0.6	0.2	0

"评价要素"得分＝配分×等级比值。

焖、烧类菜肴制作

一、烹制白汁鳊鱼（试题代码：3.2.2；考核时间：12 min）

1. 试题单

（1）操作条件

1) 原料（主料、辅料、特殊调料）自备，原料可在场外加工。

2) 烹饪操作料理台、炉灶锅具等相关设备工具。

3) 盛器。

（2）操作内容。烹制菜肴"白汁鳊鱼"。

（3）操作要求

1) 操作过程。原料可在场外加工，必须现场烹制；操作熟练、规范、卫生、安全，遵守考场纪律，不超时。

2) 成品要求。色泽：鱼身银白，汤汁奶白，芡汁适宜有光泽，无焦黄现象；形态：鱼身完整不碎，鱼皮不破，汤汁适量，盛器选用合适，装盘美观大方；香味：鱼香味浓，汤汁浓香，无鱼腥气味，无焦枯气味；口感：鱼腹黑衣去尽，无苦味，汤汁咸鲜适口，鱼肉清淡可口，无异味；原料选用新鲜，鱼肉滑嫩，汤汁勾芡厚薄适宜，无不熟或枯焦现象。

2. 评分表

试题代码及名称			3.2.2 烹制白汁鳊鱼		考核时间		12 min		
序号	评价要素	配分	等级	评分细则	评定等级				得分
					A	B	C	D	E
1	色泽： (1) 鱼身银白 (2) 汤汁奶白 (3) 芡汁适宜有光泽 (4) 无焦黄现象	2	A	符合要求					
			B	符合3项要求					
			C	符合2项要求					
			D	符合1项要求					
			E	差或未答题					

续表

试题代码及名称			3.2.2 烹制白汁鳊鱼		考核时间		12 min			
序号	评价要素	配分	等级	评分细则	评定等级					得分
					A	B	C	D	E	
2	形态： (1) 鱼身完整不碎 (2) 鱼皮不破 (3) 汤汁适量 (4) 盛器选用合适 (5) 装盘美观大方	3	A	符合要求						
			B	符合4项要求						
			C	符合3项要求						
			D	符合1~2项要求						
			E	差或未答题						
3	香味： (1) 鱼香味浓 (2) 汤汁浓香 (3) 无鱼腥气味 (4) 无枯焦气味	2	A	符合要求						
			B	符合3项要求						
			C	符合2项要求						
			D	符合1项要求						
			E	差或未答题						
4	口感： (1) 鱼腹黑衣去尽，无苦味 (2) 汤汁咸鲜适口 (3) 鱼肉清淡可口 (4) 无异味	2	A	符合要求						
			B	符合3项要求						
			C	符合2项要求						
			D	符合1项要求						
			E	差或未答题						
5	质感： (1) 原料选用新鲜 (2) 鱼肉滑嫩 (3) 汤汁勾芡厚薄适宜 (4) 无不熟或枯焦现象	2	A	符合要求						
			B	符合3项要求						
			C	符合2项要求						
			D	符合1项要求						
			E	差或未答题						
6	现场操作过程： (1) 规范 (2) 熟练 (3) 卫生 (4) 安全	1	A	符合要求						
			B	符合3项要求						
			C	符合2项要求						
			D	符合1项要求						
			E	差或未答题						
合计配分		12		合计得分						

等级	A（优）	B（良）	C（及格）	D（较差）	E（差或未答题）
比值	1.0	0.8	0.6	0.2	0

"评价要素"得分＝配分×等级比值。

二、烹制响油鳝糊（试题代码：3.2.3；考核时间：12 min）

1. 试题单

（1）操作条件

1）原料（主料、辅料、特殊调料）自备，原料可在场外加工。

2）烹饪操作料理台、炉灶锅具等相关设备工具。

3）盛器。

（2）操作内容。烹制菜肴"响油鳝糊"。

（3）操作要求

1）操作过程。原料可在场外加工，必须现场烹制。操作熟练、规范、卫生、安全，遵守考场纪律，不超时。

2）成品要求。色泽：鳝丝乌亮、芡汁酱红光亮、葱香蒜白、明油恰当；形态：鳝丝长度适宜，鳝丝数量符合要求，芡汁恰如其分，盛装器皿选用合适，装盘美观大方；香味：葱香四溢，麻油香味浓郁，芡汁有酱香气味，鳝丝无腥气味，无枯焦气味；口感：咸中带甜，适口，鳝丝无腥膻味、异味，有白胡椒辛辣味；质感：原料选用新鲜，鳝丝软糯，芡汁润滑，无不熟或焦枯现象。

2. 评分表

试题代码及名称			3.2.3 烹制响油鳝糊		考核时间	12 min	
序号	评价要素	配分	等级	评分细则	评定等级		得分
					A B C D E		
1	色泽： （1）鳝丝乌亮 （2）芡汁酱红光亮 （3）葱香蒜白 （4）明油恰当	2	A	符合要求			
			B	符合3项要求			
			C	符合2项要求			
			D	符合1项要求			
			E	差或未答题			

续表

试题代码及名称		3.2.3 烹制响油鳝糊		考核时间	12 min					
序号	评价要素	配分	等级	评分细则	评定等级					得分
					A	B	C	D	E	
2	形态： (1) 鳝丝长度适宜 (2) 鳝丝数量符合要求 (3) 芡汁恰如其分 (4) 盛装器皿选用合适 (5) 装盘美观大方	3	A	符合要求						
			B	符合4项要求						
			C	符合3项要求						
			D	符合1~2项要求						
			E	差或未答题						
3	香味： (1) 葱香四溢 (2) 麻油香味浓郁 (3) 芡汁有酱香气味 (4) 鳝丝无腥气味 (5) 无枯焦气味	2	A	符合要求						
			B	符合4项要求						
			C	符合3项要求						
			D	符合1~2项要求						
			E	差或未答题						
4	口感： (1) 咸中带甜 (2) 适口 (3) 鳝丝无腥膻味、异味 (4) 有白胡椒辛辣味	2	A	符合要求						
			B	符合3项要求						
			C	符合2项要求						
			D	符合1项要求						
			E	差或未答题						
5	质感： (1) 原料选用新鲜 (2) 鳝丝软糯 (3) 芡汁润滑 (4) 无不熟或枯焦现象	2	A	符合要求						
			B	符合3项要求						
			C	符合2项要求						
			D	符合1项要求						
			E	差或未答题						
6	现场操作过程： (1) 规范 (2) 熟练 (3) 卫生 (4) 安全	1	A	符合要求						
			B	符合3项要求						
			C	符合2项要求						
			D	符合1项要求						
			E	差或未答题						
	合计配分	12		合计得分						

等级	A（优）	B（良）	C（及格）	D（较差）	E（差或未答题）
比值	1.0	0.8	0.6	0.2	0

"评价要素"得分＝配分×等级比值。

三、烹制虾仁豆腐（试题代码：3.2.4；考核时间：12 min）

1. 试题单

（1）操作条件

1）原料（主料、辅料、特殊调料）自备，原料可在场外加工。

2）烹饪操作料理台、炉灶锅具等相关设备工具。

3）盛器。

（2）操作内容。烹制菜肴"虾仁豆腐"。

（3）操作要求

1）操作过程。原料可在场外加工，必须现场烹制；操作熟练、规范、卫生、安全，遵守考场纪律，不超时。

2）成品要求。色泽：豆腐洁白，虾仁本色，芡汁白亮，无焦黑小点、明油适当；形态：豆腐丁大小一致完整，虾仁大小适宜、配比正确，芡汁量合理、厚薄相宜，盛装器皿选用合适，装盘美观大方；香味：豆腐香气浓，虾仁无异味，汤汁清香四溢，无枯焦气味；口感：虾仁基本味适口，芡汁咸鲜味适宜，豆腐焯水恰当，无异味；质感：原料选用新鲜，豆腐丁滑嫩，虾仁软嫩，无不熟或枯焦现象。

2. 评分表

试题代码及名称			3.2.4 烹制虾仁豆腐		考核时间			12 min	
序号	评价要素	配分	等级	评分细则	评定等级				得分
					A	B	C	D	E	
1	色泽： （1）豆腐洁白 （2）虾仁本色 （3）芡汁白亮 （4）无焦黑小点 （5）明油适当	2	A	符合要求						
			B	符合4项要求						
			C	符合3项要求						
			D	符合1～2项要求						
			E	差或未答题						

续表

试题代码及名称			3.2.4 烹制虾仁豆腐		考核时间	12 min				
序号	评价要素	配分	等级	评分细则	评定等级					得分
					A	B	C	D	E	
2	形态： (1) 豆腐丁大小一致完整 (2) 虾仁大小适宜、配比正确 (3) 芡汁量合理、厚薄相宜 (4) 盛装器皿选用合适 (5) 装盘美观大方	3	A	符合要求						
			B	符合4项要求						
			C	符合3项要求						
			D	符合1～2项要求						
			E	差或未答题						
3	香味： (1) 豆腐香气浓 (2) 虾仁无异味 (3) 汤汁清香四溢 (4) 无枯焦气味	2	A	符合要求						
			B	符合3项要求						
			C	符合2项要求						
			D	符合1项要求						
			E	差或未答题						
4	口感： (1) 虾仁基本味适口 (2) 芡汁咸鲜味适宜 (3) 豆腐焯水恰当 (4) 无异味	2	A	符合要求						
			B	符合3项要求						
			C	符合2项要求						
			D	符合1项要求						
			E	差或未答题						
5	质感： (1) 原料选用新鲜 (2) 豆腐丁滑嫩 (3) 虾仁软嫩 (4) 无不熟或枯焦现象	2	A	符合要求						
			B	符合3项要求						
			C	符合2项要求						
			D	符合1项要求						
			E	差或未答题						
6	现场操作过程： (1) 规范 (2) 熟练 (3) 卫生 (4) 安全	1	A	符合要求						
			B	符合3项要求						
			C	符合2项要求						
			D	符合1项要求						
			E	差或未答题						
合计配分		12		合计得分						

等级	A（优）	B（良）	C（及格）	D（较差）	E（差或未答题）
比值	1.0	0.8	0.6	0.2	0

"评价要素"得分＝配分×等级比值。

四、烹制炒双菇（试题代码：3.2.5；考核时间：12 min）

1. 试题单

（1）操作条件

1）原料（主料、辅料、特殊调料）自备，原料可在场外加工。

2）烹饪操作料理台、炉灶锅具等相关设备工具。

3）盛器。

（2）操作内容。烹制菜肴"炒双菇"。

（3）操作要求

1）操作过程。原料可在场外加工，必须现场烹制；操作熟练、规范、卫生、安全，遵守考场纪律，不超时。

2）成品要求。色泽：香菇深褐色，香菇光亮，草菇黑色、圆润，明油适量；形态：香菇大小适宜，草菇形状相仿，香菇、草菇数量相配，盛装器皿选用合适，装盘美观大方；香味：香菇香气浓郁，草菇蚝油香气四溢，芡汁麻油香，无枯焦气味；口感：香菇咸鲜味，草菇蚝油味，适口，蚝油无腥味、异味；质感：原料选用质佳，香菇软糯，草菇滑嫩，芡汁滋润，无不熟或枯焦现象。

2. 评分表

试题代码及名称			3.2.5 烹制炒双菇		考核时间			12 min	
序号	评价要素	配分	等级	评分细则	评定等级				得分
					A	B	C	D	E
1	色泽： （1）香菇深褐色 （2）香菇光亮 （3）草菇黑色、圆润 （4）明油适量	2	A	符合要求					
			B	符合3项要求					
			C	符合2项要求					
			D	符合1项要求					
			E	差或未答题					

续表

试题代码及名称		3.2.5 烹制炒双菇		考核时间	12 min				
序号	评价要素	配分	等级	评分细则	评定等级				得分
					A	B	C	D	E	
2	形态： (1) 香菇大小适宜 (2) 草菇形状相仿 (3) 香菇、草菇数量相配 (4) 盛装器皿选用合适 (5) 装盘美观大方	3	A	符合要求						
			B	符合4项要求						
			C	符合3项要求						
			D	符合1~2项要求						
			E	差或未答题						
3	香味： (1) 香菇香气浓郁 (2) 草菇蚝油香气四溢 (3) 芡汁麻油香 (4) 无枯焦气味	2	A	符合要求						
			B	符合3项要求						
			C	符合2项要求						
			D	符合1项要求						
			E	差或未答题						
4	口感： (1) 香菇咸鲜味 (2) 草菇蚝油味 (3) 适口 (4) 蚝油无腥味、异味	2	A	符合要求						
			B	符合3项要求						
			C	符合2项要求						
			D	符合1项要求						
			E	差或未答题						
5	质感： (1) 原料选用质佳 (2) 香菇软糯 (3) 草菇滑嫩 (4) 芡汁滋润 (5) 无不熟或枯焦现象	2	A	符合要求						
			B	符合4项要求						
			C	符合3项要求						
			D	符合1~2项要求						
			E	差或未答题						
6	现场操作过程： (1) 规范 (2) 熟练 (3) 卫生 (4) 安全	1	A	符合要求						
			B	符合3项要求						
			C	符合2项要求						
			D	符合1项要求						
			E	差或未答题						
合计配分		12	合计得分							

等级	A（优）	B（良）	C（及格）	D（较差）	E（差或未答题）
比值	1.0	0.8	0.6	0.2	0

"评价要素"得分＝配分×等级比值。

五、烹制麻婆豆腐（试题代码：3.2.6；考核时间：12 min）

1. 试题单

（1）操作条件

1）原料（主料、辅料、特殊调料）自备，原料可在场外加工。

2）烹饪操作料理台、炉灶锅具等相关设备工具。

3）盛器。

（2）操作内容。烹制菜肴"麻婆豆腐"。

（3）操作要求

1）操作过程。原料可在场外加工，必须现场烹制；操作熟练、规范、卫生、安全，遵守考场纪律，不超时。

2）成品要求。色泽：豆腐光亮微红，芡汁金红油亮，青椒末碧绿，红油量适当；形态：豆腐丁大小均匀、完整不碎，数量适宜，盛器选用合理，装盘美观大方；香味：豆瓣辣酱香气四溢，花椒粉气味浓郁，牛肉酥香，豆腐清香，无枯焦气味；口感：辣味适中，麻味适量，咸鲜相宜，无异味；质感：原料选用新鲜、豆腐滑嫩、牛肉酥软、勾芡适当无结块，无不熟或枯焦现象。

2. 评分表

试题代码及名称			3.2.6 烹制麻婆豆腐		考核时间			12 min	
序号	评价要素	配分	等级	评分细则	评定等级				得分
					A	B	C	D	E
1	色泽： （1）豆腐光亮微红 （2）芡汁金红油亮 （3）青椒末碧绿 （4）红油量适当	2	A	符合要求					
			B	符合3项要求					
			C	符合2项要求					
			D	符合1项要求					
			E	差或未答题					

续表

试题代码及名称		3.2.6 烹制麻婆豆腐		考核时间	12 min					
序号	评价要素	配分	等级	评分细则	评定等级					得分
					A	B	C	D	E	
2	形态： (1) 豆腐丁大小均匀 (2) 豆腐丁完整不碎 (3) 数量适宜 (4) 盛器选用合理 (5) 装盘美观大方	3	A	符合要求						
			B	符合4项要求						
			C	符合3项要求						
			D	符合1~2项要求						
			E	差或未答题						
3	香味： (1) 豆瓣辣酱香气四溢 (2) 花椒粉气味浓郁 (3) 牛肉酥香 (4) 豆腐清香 (5) 无枯焦气味	2	A	符合要求						
			B	符合4项要求						
			C	符合3项要求						
			D	符合1~2项要求						
			E	差或未答题						
4	口感： (1) 辣味适中 (2) 麻味适量 (3) 咸鲜相宜 (4) 无异味	2	A	符合要求						
			B	符合3项要求						
			C	符合2项要求						
			D	符合1项要求						
			E	差或未答题						
5	质感： (1) 原料选用新鲜 (2) 豆腐滑嫩 (3) 牛肉酥软 (4) 勾芡适当无结块 (5) 无不熟或枯焦现象	2	A	符合要求						
			B	符合4项要求						
			C	符合3项要求						
			D	符合1~2项要求						
			E	差或未答题						
6	现场操作过程： (1) 规范 (2) 熟练 (3) 卫生 (4) 安全	1	A	符合要求						
			B	符合3项要求						
			C	符合2项要求						
			D	符合1项要求						
			E	差或未答题						
合计配分		12		合计得分						

等级	A（优）	B（良）	C（及格）	D（较差）	E（差或未答题）
比值	1.0	0.8	0.6	0.2	0

"评价要素"得分＝配分×等级比值。

六、烹制家常豆腐（试题代码：3.2.7；考核时间：12 min）

1. 试题单

（1）操作条件

1）原料（主料、辅料、特殊调料）自备，原料可在场外加工。

2）烹饪操作料理台、炉灶锅具等相关设备工具。

3）盛器。

（2）操作内容。烹制菜肴"家常豆腐"。

（3）操作要求

1）操作过程。原料可在场外加工，必须现场烹制；操作熟练、规范、卫生、安全，遵守考场纪律，不超时。

2）成品要求。色泽：豆腐金黄，青椒碧绿，木耳乌黑，芡汁金红，明油适量；形态：豆腐大小厚薄相仿不碎，豆腐数量标准，配料形态数量相恰，盛器选用合适，装盘饱满美观；香味：豆瓣辣酱香气浓，葱、姜、蒜香气四溢，豆腐香气浓，无枯焦气味；口感：辣味适中，豆腐滋味浓郁，芡汁咸鲜相宜，无异味；质感：原料选用新鲜，豆腐软润，青椒脆嫩，黑木耳软糯，无不熟或枯焦现象。

2. 评分表

试题代码及名称			3.2.7 烹制家常豆腐		考核时间			12 min	
序号	评价要素	配分	等级	评分细则	评定等级				得分
					A	B	C	D	E
1	色泽： （1）豆腐金黄 （2）青椒碧绿 （3）木耳乌黑 （4）芡汁金红 （5）明油适量	2	A	符合要求					
			B	符合4项要求					
			C	符合3项要求					
			D	符合1~2项要求					
			E	差或未答题					

续表

试题代码及名称			3.2.7 烹制家常豆腐		考核时间		12 min		
序号	评价要素	配分	等级	评分细则	评定等级 A	B	C	D	E	得分

序号	评价要素	配分	等级	评分细则	A	B	C	D	E	得分
2	形态： (1) 豆腐大小厚薄相仿不碎 (2) 豆腐数量标准 (3) 配料形态数量相恰 (4) 盛器选用合适 (5) 装盘饱满美观	3	A	符合要求						
			B	符合4项要求						
			C	符合3项要求						
			D	符合1~2项要求						
			E	差或未答题						
3	香味： (1) 豆瓣辣酱香气浓 (2) 葱、姜、蒜香气四溢 (3) 豆腐香气浓 (4) 无枯焦气味	2	A	符合要求						
			B	符合3项要求						
			C	符合2项要求						
			D	符合1项要求						
			E	差或未答题						
4	口感： (1) 辣味适中 (2) 豆腐滋味浓郁 (3) 芡汁咸鲜相宜 (4) 无异味	2	A	符合要求						
			B	符合3项要求						
			C	符合2项要求						
			D	符合1项要求						
			E	差或未答题						
5	质感： (1) 原料选用新鲜 (2) 豆腐软润 (3) 青椒脆嫩 (4) 黑木耳软糯 (5) 无不熟或枯焦现象	2	A	符合要求						
			B	符合4项要求						
			C	符合3项要求						
			D	符合1~2项要求						
			E	差或未答题						
6	现场操作过程： (1) 规范 (2) 熟练 (3) 卫生 (4) 安全	1	A	符合要求						
			B	符合3项要求						
			C	符合2项要求						
			D	符合1项要求						
			E	差或未答题						
合计配分		12		合计得分						

等级	A（优）	B（良）	C（及格）	D（较差）	E（差或未答题）
比值	1.0	0.8	0.6	0.2	0

"评价要素"得分＝配分×等级比值。

炸、熘、爆类菜肴制作

一、烹制香炸凤翼（试题代码：3.3.2；考核时间：12 min）

1. 试题单

（1）操作条件

1）原料（主料、辅料、特殊调料）自备，原料可在场外加工。

2）烹饪操作料理台、炉灶锅具等相关设备工具。

3）盛器。

（2）操作内容。烹制菜肴"香炸凤翼"。

（3）操作要求

1）操作过程。原料可在场外加工，必须现场烹制；操作熟练、规范、卫生、安全，遵守考场纪律，不超时。

2）成品要求。色泽：鸡翅色泽中黄，拍粉适度光亮，色泽均匀，含油量少；形态：鸡翅大小均匀，鸡翅数量符合要求，盛器使用合适，装盘美观大方；香味：香气浓，鸡翅干香，无腥味、异味，无枯焦气味；口感：鸡翅咸鲜适中，腌渍调料正确，鸡翅无膻味、异味；质感：原料选用新鲜，复炸油温得当，鸡翅外香里嫩，无不熟或枯焦现象。

2. 评分表

试题代码及名称			3.3.2 烹制香炸凤翼		考核时间		12 min			
序号	评价要素	配分	等级	评分细则	评定等级					得分
					A	B	C	D	E	
1	色泽： （1）鸡翅色泽中黄 （2）鸡翅拍粉适度光亮 （3）鸡翅色泽均匀 （4）鸡翅含油量少	2	A	符合要求						
			B	符合3项要求						
			C	符合2项要求						
			D	符合1项要求						
			E	差或未答题						

续表

试题代码及名称			3.3.2 烹制香炸凤翼		考核时间		12 min			
序号	评价要素	配分	等级	评分细则	评定等级					得分
					A	B	C	D	E	
2	形态： (1) 鸡翅大小均匀 (2) 鸡翅数量符合要求 (3) 盛器使用合适 (4) 装盘美观大方	3	A	符合要求						
			B	符合3项要求						
			C	符合2项要求						
			D	符合1项要求						
			E	差或未答题						
3	香味： (1) 香气浓 (2) 鸡翅干香 (3) 鸡翅无腥味、异味 (4) 无枯焦气味	2	A	符合要求						
			B	符合3项要求						
			C	符合2项要求						
			D	符合1项要求						
			E	差或未答题						
4	口感： (1) 鸡翅咸鲜适中 (2) 腌渍调料正确 (3) 鸡翅无膻味 (4) 无异味	2	A	符合要求						
			B	符合3项要求						
			C	符合2项要求						
			D	符合1项要求						
			E	差或未答题						
5	质感： (1) 原料选用新鲜 (2) 复炸油温得当 (3) 鸡翅外香里嫩 (4) 无不熟或枯焦现象	2	A	符合要求						
			B	符合3项要求						
			C	符合2项要求						
			D	符合1项要求						
			E	差或未答题						
6	现场操作过程： (1) 规范 (2) 熟练 (3) 卫生 (4) 安全	1	A	符合要求						
			B	符合3项要求						
			C	符合2项要求						
			D	符合1项要求						
			E	差或未答题						
合计配分		12		合计得分						

等级	A（优）	B（良）	C（及格）	D（较差）	E（差或未答题）
比值	1.0	0.8	0.6	0.2	0

"评价要素"得分＝配分×等级比值。

二、烹制咕咾肉（试题代码：3.3.3；考核时间：12 min）

1. 试题单

（1）操作条件

1）原料（主料、辅料、特殊调料）自备，原料可在场外加工。

2）烹饪操作料理台、炉灶锅具等相关设备工具。

3）盛器。

（2）操作内容。烹制菜肴"咕咾肉"。

（3）操作要求

1）操作过程。原料可在场外加工，必须现场烹制；操作熟练、规范、卫生、安全，遵守考场纪律，不超时。

2）成品要求。色泽：肉块金黄光亮，青椒碧绿，菠萝鹅黄，卤汁茄红透亮，明油恰当；形态：肉块大小相仿，肉块数量符合要求，配料数量形态相配，盛器选用合适，装盘美观大方；香味：番茄酱香气浓郁，糖醋味香足，配料清香，无枯焦气味；口感：肉块基本味适中，番茄酱用量适宜，酸甜味适中，无异味；质感：原料选用新鲜，肉块外脆里嫩，配料脆嫩，卤汁滑润不结块，无不熟或枯焦现象。

2. 评分表

试题代码及名称			3.3.3 烹制咕咾肉		考核时间			12 min		
序号	评价要素	配分	等级	评分细则	评定等级					得分
					A	B	C	D	E	
1	色泽： （1）肉块金黄光亮 （2）青椒碧绿 （3）菠萝鹅黄 （4）卤汁茄红透亮 （5）明油恰当	2	A	符合要求						
			B	符合4项要求						
			C	符合3项要求						
			D	符合1~2项要求						
			E	差或未答题						

续表

试题代码及名称			3.3.3 烹制咕咾肉		考核时间	12 min				
序号	评价要素	配分	等级	评分细则	评定等级					得分
					A	B	C	D	E	
2	形态： (1) 肉块大小相仿 (2) 肉块数量符合要求 (3) 配料数量形态相配 (4) 盛器选用合适 (5) 装盘美观大方	3	A	符合要求						
			B	符合4项要求						
			C	符合3项要求						
			D	符合1~2项要求						
			E	差或未答题						
3	香味： (1) 番茄酱香气浓郁 (2) 糖醋味香足 (3) 配料清香 (4) 无枯焦气味	2	A	符合要求						
			B	符合3项要求						
			C	符合2项要求						
			D	符合1项要求						
			E	差或未答题						
4	口感： (1) 肉块基本味适中 (2) 番茄酱用量适宜 (3) 酸甜味适中 (4) 无异味	2	A	符合要求						
			B	符合3项要求						
			C	符合2项要求						
			D	符合1项要求						
			E	差或未答题						
5	质感： (1) 原料选用新鲜 (2) 肉块外脆里嫩 (3) 配料脆嫩 (4) 卤汁滑润不结块 (5) 无不熟或枯焦现象	2	A	符合要求						
			B	符合4项要求						
			C	符合3项要求						
			D	符合1~2项要求						
			E	差或未答题						
6	现场操作过程： (1) 规范 (2) 熟练 (3) 卫生 (4) 安全	1	A	符合要求						
			B	符合3项要求						
			C	符合2项要求						
			D	符合1项要求						
			E	差或未答题						
合计配分		12		合计得分						

等级	A（优）	B（良）	C（及格）	D（较差）	E（差或未答题）
比值	1.0	0.8	0.6	0.2	0

"评价要素"得分＝配分×等级比值。

三、烹制糖醋鱼块（试题代码：3.3.4；考核时间：12 min）

1. 试题单

(1) 操作条件

1) 原料（主料、辅料、特殊调料）自备，原料可在场外加工。

2) 烹饪操作料理台、炉灶锅具等相关设备工具。

3) 盛器。

(2) 操作内容。烹制菜肴"糖醋鱼块"。

(3) 操作要求

1) 操作过程。原料可在场外加工，必须现场烹制；操作熟练、规范、卫生、安全，遵守考场纪律，不超时。

2) 成品要求。色泽：鱼块挂糊适宜，鱼块金黄，卤汁茄红光亮，明油适量；形态：鱼块1.5 cm见方，大小均匀，数量符合要求，芡汁适量，盛器使用合适，装盘美观大方；香味：番茄酱气味浓郁，糖醋香气重，鱼块炸制后干香，无鱼腥气味，无枯焦气味；口感：番茄酱用量适中，酸甜味适口，鱼块基本成味适度，无异味；质感：原料选用新鲜，鱼块外脆里嫩，卤汁细腻滋润，无不熟或枯焦现象。

2. 评分表

试题代码及名称			3.3.4 烹制糖醋鱼块		考核时间		12 min		
序号	评价要素	配分	等级	评分细则	评定等级				得分
					A	B	C	D	E	
1	色泽： (1) 鱼块挂糊适宜 (2) 鱼块金黄 (3) 卤汁茄红光亮 (4) 明油适量	2	A	符合要求						
			B	符合3项要求						
			C	符合2项要求						
			D	符合1项要求						
			E	差或未答题						

续表

试题代码及名称			3.3.4 烹制糖醋鱼块		考核时间		12 min			
序号	评价要素	配分	等级	评分细则	评定等级					得分
					A	B	C	D	E	
2	形态： (1) 鱼块 1.5 cm 见方，大小均匀 (2) 鱼块数量符合要求 (3) 芡汁适量 (4) 盛器选用合适 (5) 装盘美观大方	3	A	符合要求						
			B	符合 4 项要求						
			C	符合 3 项要求						
			D	符合 1～2 项要求						
			E	差或未答题						
3	香味： (1) 番茄酱气味浓郁 (2) 糖醋香气重 (3) 鱼块炸制后干香 (4) 无鱼腥气味 (5) 无枯焦气味	2	A	符合要求						
			B	符合 4 项要求						
			C	符合 3 项要求						
			D	符合 1～2 项要求						
			E	差或未答题						
4	口感： (1) 番茄酱用量适中 (2) 酸甜味适口 (3) 鱼块基本成味适度 (4) 无异味	2	A	符合要求						
			B	符合 3 项要求						
			C	符合 2 项要求						
			D	符合 1 项要求						
			E	差或未答题						
5	质感： (1) 原料选用新鲜 (2) 鱼块外脆里嫩 (3) 卤汁细腻滋润 (4) 无不熟或枯焦现象	2	A	符合要求						
			B	符合 3 项要求						
			C	符合 2 项要求						
			D	符合 1 项要求						
			E	差或未答题						
6	现场操作过程： (1) 规范 (2) 熟练 (3) 卫生 (4) 安全	1	A	符合要求						
			B	符合 3 项要求						
			C	符合 2 项要求						
			D	符合 1 项要求						
			E	差或未答题						
	合计配分	12		合计得分						

等级	A（优）	B（良）	C（及格）	D（较差）	E（差或未答题）
比值	1.0	0.8	0.6	0.2	0

"评价要素"得分＝配分×等级比值。

四、烹制芝麻鱼条（试题代码：3.3.5；考核时间：12 min）

1. 试题单

（1）操作条件。

1）原料（主料、辅料、特殊调料）自备，原料可在场外加工。

2）烹饪操作料理台、炉灶锅具等相关设备工具。

3）盛器。

（2）操作内容。烹制菜肴"芝麻鱼条"。

（3）操作要求。

1）操作过程。原料可在场外加工，必须现场烹制；操作熟练、规范、卫生、安全，遵守考场纪律，不超时。

2）成品要求。色泽：油温控制得当，芝麻包裹完整，鱼条上芝麻呈鹅黄色，鱼条含油少；形态：鱼条7 cm长，鱼条长短粗细相仿，鱼条数量符合要求，盛器选用恰当，装盘美观大方；香味：鱼香，芝麻香浓郁，无鱼腥气味，无枯焦气味；口感：鱼条咸鲜适口，鱼条腌渍适当，芝麻可口；质感：选用新鲜鱼，芝麻香酥，鱼条嫩滑，无不熟或枯焦现象。

2. 评分表

试题代码及名称			3.3.5 烹制芝麻鱼条		考核时间		12 min		
序号	评价要素	配分	等级	评分细则	评定等级				得分
					A	B	C	D	E
1	色泽： （1）油温控制得当 （2）芝麻包裹完整 （3）鱼条上芝麻呈鹅黄色 （4）鱼条含油少	2	A	符合要求					
			B	符合3项要求					
			C	符合2项要求					
			D	符合1项要求					
			E	差或未答题					

续表

试题代码及名称			3.3.5 烹制芝麻鱼条		考核时间		12 min		
序号	评价要素	配分	等级	评分细则	评定等级				得分
					A	B	C	D	E	
2	形态： (1) 鱼条 7 cm 长 (2) 鱼条长短粗细相仿 (3) 鱼条数量符合要求 (4) 盛器选用恰当 (5) 装盘美观大方	3	A	符合要求						
			B	符合 4 项要求						
			C	符合 3 项要求						
			D	符合 1~2 项要求						
			E	差或未答题						
3	香味： (1) 鱼香 (2) 芝麻香浓郁 (3) 无鱼腥气味 (4) 无枯焦气味	2	A	符合要求						
			B	符合 3 项要求						
			C	符合 2 项要求						
			D	符合 1 项要求						
			E	差或未答题						
4	口感： (1) 鱼条咸鲜 (2) 适口 (3) 鱼条脆渍适当 (4) 芝麻可口	2	A	符合要求						
			B	符合 3 项要求						
			C	符合 2 项要求						
			D	符合 1 项要求						
			E	差或未答题						
5	质感： (1) 选用新鲜鱼 (2) 芝麻香酥 (3) 鱼条嫩滑 (4) 无不熟或枯焦现象	2	A	符合要求						
			B	符合 3 项要求						
			C	符合 2 项要求						
			D	符合 1 项要求						
			E	差或未答题						
6	现场操作过程： (1) 规范 (2) 熟练 (3) 卫生 (4) 安全	1	A	符合要求						
			B	符合 3 项要求						
			C	符合 2 项要求						
			D	符合 1 项要求						
			E	差或未答题						
合计配分		12		合计得分						

等级	A（优）	B（良）	C（及格）	D（较差）	E（差或未答题）
比值	1.0	0.8	0.6	0.2	0

"评价要素"得分＝配分×等级比值。

五、烹制爆鱿鱼卷（试题代码：3.3.6；考核时间：12 min）

1. 试题单

（1）操作条件

1）原料（主料、辅料、特殊调料）自备，原料可在场外加工。

2）烹饪操作料理台、炉灶锅具等相关设备工具。

3）盛器。

（2）操作内容。烹制菜肴"爆鱿鱼卷"。

（3）操作要求

1）操作过程。原料可在场外加工，必须现场烹制；操作熟练、规范、卫生、安全，遵守考场纪律，不超时。

2）成品要求。色泽：鱿鱼本色光亮，葱绿蒜白相间，卤汁紧包透亮，明油适宜；形态：鱿鱼麦穗状符合标准，鱿鱼卷大小长短相仿，鱿鱼数量达到要求，盛器选用恰当，堆装居中圆满；香味：油爆香气浓，鱿鱼清香足，葱蒜香气浓，无枯焦气味；口感：咸鲜适口，鱿鱼无碱味、腥膻味、异味；质感：原料质量佳，鱿鱼脆嫩爽口，芡汁厚薄适宜，无不熟或枯焦现象。

2. 评分表

试题代码及名称		3.3.6 烹制爆鱿鱼卷		考核时间	12 min	
序号	评价要素	配分	等级	评分细则	评定等级 A B C D E	得分
1	色泽： (1) 鱿鱼本色光亮 (2) 葱绿蒜白相间 (3) 卤汁紧包透亮 (4) 明油适宜	2	A	符合要求		
			B	符合3项要求		
			C	符合2项要求		
			D	符合1项要求		
			E	差或未答题		

续表

试题代码及名称		3.3.6 烹制爆鱿鱼卷		考核时间	12 min					
序号	评价要素	配分	等级	评分细则	评定等级					得分
					A	B	C	D	E	
2	形态： (1) 鱿鱼麦穗状符合标准 (2) 鱿鱼卷大小长短相仿 (3) 鱿鱼数量达到要求 (4) 盛器选用恰当 (5) 堆装居中圆满	3	A	符合要求						
			B	符合4项要求						
			C	符合3项要求						
			D	符合1～2项要求						
			E	差或未答题						
3	香味： (1) 油爆香气浓 (2) 鱿鱼清香足 (3) 葱蒜香气浓 (4) 无枯焦气味	2	A	符合要求						
			B	符合3项要求						
			C	符合2项要求						
			D	符合1项要求						
			E	差或未答题						
4	口感： (1) 咸鲜适口 (2) 鱿鱼无碱味 (3) 鱿鱼无腥膻味 (4) 鱿鱼无异味	2	A	符合要求						
			B	符合3项要求						
			C	符合2项要求						
			D	符合1项要求						
			E	差或未答题						
5	质感： (1) 原料质量佳 (2) 鱿鱼脆嫩爽口 (3) 芡汁厚薄适宜 (4) 无不熟或枯焦现象	2	A	符合要求						
			B	符合3项要求						
			C	符合2项要求						
			D	符合1项要求						
			E	差或未答题						
6	现场操作过程： (1) 规范 (2) 熟练 (3) 卫生 (4) 安全	1	A	符合要求						
			B	符合3项要求						
			C	符合2项要求						
			D	符合1项要求						
			E	差或未答题						
合计配分		12		合计得分						

等级	A（优）	B（良）	C（及格）	D（较差）	E（差或未答题）
比值	1.0	0.8	0.6	0.2	0

"评价要素"得分＝配分×等级比值。

六、烹制酱爆鸡丁（试题代码：3.3.7；考核时间：12 min）

1. 试题单

（1）操作条件

1）原料（主料、辅料、特殊调料）自备，原料可在场外加工。

2）烹饪操作料理台、炉灶锅具等相关设备工具。

3）盛器。

（2）操作内容。烹制菜肴"酱爆鸡丁"。

（3）操作要求

1）操作过程。原料可在场外加工，必须现场烹制；操作熟练、规范、卫生、安全，遵守考场纪律，不超时。

2）成品要求。色泽：鸡丁酱红色亮，甜面酱用量恰当，芡汁紧包透亮，明油适中；形态：鸡丁 1 cm 见方、大小相仿不结团、数量符合标准，盛器选用合适，堆装饱满圆润；香味：麻油香气重，酱香气味四溢，鸡丁清香，无鸡腥气味；口感：咸中带甜，甜面酱煸炒得当，鸡丁基本味适宜，无枯焦气味；质感：鸡脯肉新鲜，鸡丁滑嫩，酱汁细腻润厚，无不熟或枯焦现象。

2. 评分表

试题代码及名称			3.3.7 烹制酱爆鸡丁		考核时间			12 min		
序号	评价要素	配分	等级	评分细则	评定等级					得分
					A	B	C	D	E	
1	色泽： (1) 鸡丁酱红色亮 (2) 甜面酱用量恰当 (3) 芡汁紧包透亮 (4) 明油适中	2	A	符合要求						
			B	符合3项要求						
			C	符合2项要求						
			D	符合1项要求						
			E	差或未答题						

续表

试题代码及名称			3.3.7 烹制酱爆鸡丁		考核时间	12 min				
序号	评价要素	配分	等级	评分细则	评定等级					得分
					A	B	C	D	E	
2	形态： (1) 鸡丁 1 cm 见方 (2) 鸡丁大小相仿不结团 (3) 鸡丁数量符合标准 (4) 盛器选用合适 (5) 堆装饱满圆润	3	A	符合要求						
			B	符合 4 项要求						
			C	符合 3 项要求						
			D	符合 1～2 项要求						
			E	差或未答题						
3	香味： (1) 麻油香气重 (2) 酱香气味四溢 (3) 鸡丁清香 (4) 无鸡腥气味	2	A	符合要求						
			B	符合 3 项要求						
			C	符合 2 项要求						
			D	符合 1 项要求						
			E	差或未答题						
4	口感： (1) 咸中带甜 (2) 甜面酱煸炒得当 (3) 鸡丁基本味适宜 (4) 无枯焦气味	2	A	符合要求						
			B	符合 3 项要求						
			C	符合 2 项要求						
			D	符合 1 项要求						
			E	差或未答题						
5	质感： (1) 鸡脯肉新鲜 (2) 鸡丁滑嫩 (3) 酱汁细腻润厚 (4) 无不熟或枯焦现象	2	A	符合要求						
			B	符合 3 项要求						
			C	符合 2 项要求						
			D	符合 1 项要求						
			E	差或未答题						
6	现场操作过程： (1) 规范 (2) 熟练 (3) 卫生 (4) 安全	1	A	符合要求						
			B	符合 3 项要求						
			C	符合 2 项要求						
			D	符合 1 项要求						
			E	差或未答题						
合计配分		12	合计得分							

等级	A（优）	B（良）	C（及格）	D（较差）	E（差或未答题）
比值	1.0	0.8	0.6	0.2	0

"评价要素"得分＝配分×等级比值。

烩、煮、氽类菜肴制作

一、烹制酸辣汤（试题代码：3.4.2；考核时间：12 min）

1. 试题单

（1）操作条件

1）原料（主料、辅料、特殊调料）自备，原料可在场外加工。

2）烹饪操作料理台、炉灶锅具等相关设备工具。

3）盛器（特殊盛器自备）。

（2）操作内容。烹制菜肴"酸辣汤"。

（3）操作要求

1）操作过程。原料可在场外加工，必须现场烹制；操作熟练、规范、卫生、安全，遵守考场纪律，不超时。

2）成品要求。色泽：呈淡红色，蛋液漂浮均匀，汤面清晰明亮，原料均匀浮于面上，葱花碧绿；形态：汤量离碗边 1 cm 左右，各种原料数量搭配合理，原料粗细标准，豆腐、血丝完整不碎，蛋液片状适度；香味：汤香四溢（醋香、胡椒粉香、麻油香、原料香）；口感：汤汁酸辣鲜美适口，各种调料投入量适宜；质感：肉丝新鲜无异味，豆腐丝滑嫩，血丝无腥味，冬笋茭白无涩味，香菇丝涨发得当、软糯。

2. 评分表

序号	试题代码及名称		3.4.2 烹制酸辣汤		考核时间	12 min				
	评价要素	配分	等级	评分细则	评定等级					得分
					A	B	C	D	E	
1	色泽： （1）呈淡红色	2	A	符合要求						
			B	符合4项要求						

续表

试题代码及名称			3.4.2 烹制酸辣汤		考核时间	12 min				
序号	评价要素	配分	等级	评分细则	评定等级					得分
					A	B	C	D	E	
1	(2) 蛋液漂浮均匀 (3) 汤面清晰明亮 (4) 原料均匀浮于面上 (5) 葱花碧绿	2	C	符合3项要求						
			D	符合1~2项要求						
			E	差或未答题						
2	形态： (1) 汤量离碗边1 cm左右 (2) 各种原料数量搭配合理 (3) 原料粗细标准 (4) 豆腐、血丝完整不碎 (5) 蛋液片状适度	2	A	符合要求						
			B	符合4项要求						
			C	符合3项要求						
			D	符合1~2项要求						
			E	差或未答题						
3	香味： (1) 胡椒粉香 (2) 醋香 (3) 麻油香、淋油（芝麻油）用量适宜 (4) 无不良气味	1	A	符合要求						
			B	符合3项要求						
			C	符合2项要求						
			D	符合1项要求						
			E	差或未答题						
4	口感： (1) 汤汁酸辣鲜美适口 (2) 醋量投入适宜 (3) 胡椒粉数量适宜 (4) 咸味调制适宜 (5) 味精使用恰当	1	A	符合要求						
			B	符合4项要求						
			C	符合3项要求						
			D	符合1~2项要求						
			E	差或未答题						
5	质感： (1) 肉丝新鲜无异味 (2) 豆腐丝滑嫩 (3) 血丝无腥味 (4) 冬笋茭白无涩味 (5) 香菇丝涨发得当、软糯	1	A	符合要求						
			B	符合4项要求						
			C	符合3项要求						
			D	符合1~2项要求						
			E	差或未答题						

续表

试题代码及名称			3.4.2 烹制酸辣汤		考核时间			12 min	
序号	评价要素	配分	等级	评分细则	评定等级				得分
					A	B	C	D	E
6	现场操作过程： (1) 规范 (2) 熟练 (3) 卫生 (4) 安全	1	A	符合要求					
			B	符合3项要求					
			C	符合2项要求					
			D	符合1项要求					
			E	差或未答题					
合计配分		8		合计得分					

等级	A（优）	B（良）	C（及格）	D（较差）	E（差或未答题）
比值	1.0	0.8	0.6	0.2	0

"评价要素"得分＝配分×等级比值。

二、烹制三片汤（试题代码：3.4.3；考核时间：12 min）

1. 试题单

（1）操作条件

1）原料（主料、辅料、特殊调料）自备，原料可在场外加工。

2）烹饪操作料理台、炉灶锅具等相关设备工具。

3）盛器（特殊盛器自备）。

（2）操作内容。烹制菜肴"三片汤"。

（3）操作要求

1）操作过程。原料可在场外加工，必须现场烹制；操作熟练、规范、卫生、安全，遵守考场纪律，不超时。

2）成品要求。色泽：汤汁清晰透明，鱼片洁白，鸡片微白，胗片深褐，豆苗碧绿；形态：汤汁八成满，片状均匀不破碎，各片数量相配，豆苗数量得当，汤碗大小适宜；香味：汤汁清香四溢，鱼片无鱼腥气，鸡片无鸡腥气，胗无膻气；口感：汤汁咸鲜适口，鱼片基本咸味适中，鸡片基本咸味适中，胗片滋味浓，无异味；质感：原料选用新鲜、汤汁味醇清鲜，鱼片滑嫩，鸡片软嫩，胗片脆嫩，无不熟现象。

2. 评分表

试题代码及名称			3.4.3 烹制三片汤		考核时间	12 min				
序号	评价要素	配分	等级	评分细则	评定等级					得分
					A	B	C	D	E	
1	色泽： (1) 汤汁清晰透明 (2) 鱼片洁白 (3) 鸡片微白 (4) 胗片深褐 (5) 豆苗碧绿	2	A B C D E	符合要求 符合4项要求 符合3项要求 符合1~2项要求 差或未答题						
2	形态： (1) 汤汁八成满 (2) 片状均匀不破碎 (3) 各片数量相配 (4) 豆苗数量得当 (5) 汤碗大小适宜	2	A B C D E	符合要求 符合4项要求 符合3项要求 符合1~2项要求 差或未答题						
3	香味： (1) 汤汁清香四溢 (2) 鱼片无鱼腥气 (3) 鸡片无鸡腥气 (4) 胗无膻气	1	A B C D E	符合要求 符合3项要求 符合2项要求 符合1项要求 差或未答题						
4	口感： (1) 汤汁咸鲜适口 (2) 鱼片基本咸味适中 (3) 鸡片基本咸味适中 (4) 胗片滋味浓 (5) 无异味	1	A B C D E	符合要求 符合4项要求 符合3项要求 符合1~2项要求 差或未答题						
5	质感： (1) 原料选用新鲜、汤汁味醇清鲜 (2) 鱼片滑嫩 (3) 鸡片软嫩 (4) 胗片脆嫩 (5) 无不熟现象	1	A B C D E	符合要求 符合4项要求 符合3项要求 符合1~2项要求 差或未答题						

续表

试题代码及名称			3.4.3 烹制三片汤			考核时间	12 min		
序号	评价要素	配分	等级	评分细则	评定等级				得分
					A	B	C	D	E
6	现场操作过程： (1) 规范 (2) 熟练 (3) 卫生 (4) 安全	1	A	符合要求					
			B	符合3项要求					
			C	符合2项要求					
			D	符合1项要求					
			E	差或未答题					
合计配分		8		合计得分					

等级	A（优）	B（良）	C（及格）	D（较差）	E（差或未答题）
比值	1.0	0.8	0.6	0.2	0

"评价要素"得分＝配分×等级比值。

三、烹制芙蓉蹄筋（试题代码：3.4.4；考核时间：12 min）

1. 试题单

(1) 操作条件

1) 原料（主料、辅料、特殊调料）自备，原料可在场外加工。

2) 烹饪操作料理台、炉灶锅具等相关设备工具。

3) 盛器（特殊盛器自备）。

(2) 操作内容。烹制菜肴"芙蓉蹄筋"。

(3) 操作要求

1) 操作过程。原料可在场外加工，必须现场烹制；操作熟练、规范、卫生、安全，遵守考场纪律，不超时。

2) 成品要求。色泽：芙蓉洁白，蹄筋蛋黄色，火腿深红，芡汁光亮，明油适量；形态：蹄筋长短相同、蛋片匀称，火腿片大小厚度相仿，主料数量符合要求，盛器选用合适，装盘圆润饱满；香味：蹄筋无腥味，芙蓉清香，火腿香味浓，无枯焦气味；口感：火腿咸鲜适口，卤汁咸鲜合适，蹄筋滋味浓，无异味；质感：原料选用新鲜，蹄筋松软糯，蛋片滑嫩，火腿韧软，芡汁滑润爽口。

2. 评分表

试题代码及名称			3.4.4 烹制芙蓉蹄筋		考核时间		12 min			
序号	评价要素	配分	等级	评分细则	评定等级 A	B	C	D	E	得分
1	色泽： (1) 芙蓉洁白 (2) 蹄筋蛋黄色 (3) 火腿深红 (4) 芡汁光亮 (5) 明油适量	2	A B C D E	符合要求 符合4项要求 符合3项要求 符合1~2项要求 差或未答题						
2	形态： (1) 蹄筋长短相同 (2) 蛋片匀称 (3) 火腿片大小厚度相仿 (4) 主料数量符合要求 (5) 盛器选用合适，装盘圆润饱满	2	A B C D E	符合要求 符合4项要求 符合3项要求 符合1~2项要求 差或未答题						
3	香味： (1) 蹄筋无腥味 (2) 芙蓉清香 (3) 火腿香味浓 (4) 无枯焦气味	1	A B C D E	符合要求 符合3项要求 符合2项要求 符合1项要求 差或未答题						
4	口感： (1) 火腿咸鲜适口 (2) 卤汁咸鲜合适 (3) 蹄筋滋味浓 (4) 无异味	1	A B C D E	符合要求 符合3项要求 符合2项要求 符合1项要求 差或未答题						
5	质感： (1) 原料选用新鲜 (2) 蹄筋松软糯 (3) 蛋片滑嫩 (4) 火腿韧软 (5) 芡汁滑润爽口	1	A B C D E	符合要求 符合4项要求 符合3项要求 符合1~2项要求 差或未答题						

续表

试题代码及名称		3.4.4 烹制芙蓉蹄筋			考核时间					12 min
序号	评价要素	配分	等级	评分细则	评定等级					得分
					A	B	C	D	E	
6	现场操作过程： (1) 规范 (2) 熟练 (3) 卫生 (4) 安全	1	A	符合要求						
			B	符合3项要求						
			C	符合2项要求						
			D	符合1项要求						
			E	差或未答题						
合计配分		8		合计得分						

等级	A（优）	B（良）	C（及格）	D（较差）	E（差或未答题）
比值	1.0	0.8	0.6	0.2	0

"评价要素"得分＝配分×等级比值。

四、烹制木樨汤（试题代码：3.4.5；考核时间：12 min）

1. 试题单

(1) 操作条件

1) 原料（主料、辅料、特殊调料）自备，原料可在场外加工。

2) 烹饪操作料理台、炉灶锅具等相关设备工具。

3) 盛器（特殊盛器自备）。

(2) 操作内容。烹制菜肴"木樨汤"。

(3) 操作要求

1) 操作过程。原料可在场外加工，必须现场烹制；操作熟练、规范、卫生、安全，遵守考场纪律，不超时。

2) 成品要求。色泽：汤清微红，蛋液鹅黄，黑木耳乌亮，黄瓜片绿白相间，肉丝微白；形态：汤汁八成满，蛋片浮于汤上，黄瓜片状，原料数量符合要求，汤碗大小适宜；香味：麻油香气重，黄瓜片清香，鸡蛋香气足，肉丝无腥气，黑木耳香；口感：汤汁咸鲜适口，肉丝清淡，黑木耳滋味重，无异味；质感：原料选用新鲜，肉丝软嫩，蛋片嫩滑，黑木耳软糯，黄瓜片脆嫩，无不熟现象。

2. 评分表

试题代码及名称			3.4.5 烹制木樨汤		考核时间		12 min				
序号	评价要素	配分	等级	评分细则	评定等级					得分
					A	B	C	D	E	
1	色泽： (1) 汤清微红 (2) 蛋液鹅黄 (3) 黑木耳乌亮 (4) 黄瓜片绿白相间 (5) 肉丝微白	2	A B C D E	符合要求 符合4项要求 符合3项要求 符合1~2项要求 差或未答题						
2	形态： (1) 汤汁八成满 (2) 蛋片浮于汤上 (3) 黄瓜片状 (4) 原料数量符合要求 (5) 汤碗大小适宜	2	A B C D E	符合要求 符合4项要求 符合3项要求 符合1~2项要求 差或未答题						
3	香味： (1) 麻油香气重 (2) 黄瓜片清香 (3) 鸡蛋香气足 (4) 肉丝无腥气 (5) 黑木耳香	1	A B C D E	符合要求 符合4项要求 符合3项要求 符合1~2项要求 差或未答题						
4	口感： (1) 汤汁咸鲜适口 (2) 肉丝清淡 (3) 黑木耳滋味重 (4) 无异味	1	A B C D E	符合要求 符合3项要求 符合2项要求 符合1项要求 差或未答题						
5	质感： (1) 原料选用新鲜 (2) 肉丝软嫩 (3) 蛋片嫩滑 (4) 黑木耳软糯，黄瓜片脆嫩 (5) 无不熟现象	1	A B C D E	符合要求 符合4项要求 符合3项要求 符合1~2项要求 差或未答题						

续表

序号	评价要素	配分	等级	评分细则	评定等级 A B C D E	得分
	试题代码及名称			3.4.5 烹制木樨汤	考核时间 12 min	
6	现场操作过程： (1) 规范 (2) 熟练 (3) 卫生 (4) 安全	1	A B C D E	符合要求 符合3项要求 符合2项要求 符合1项要求 差或未答题		
	合计配分	8		合计得分		

等级	A（优）	B（良）	C（及格）	D（较差）	E（差或未答题）
比值	1.0	0.8	0.6	0.2	0

"评价要素"得分＝配分×等级比值。

五、烹制榨菜肉丝蛋汤（试题代码：3.4.6；考核时间：12 min）

1. 试题单

(1) 操作条件

1) 原料（主料、辅料、特殊调料）自备，原料可在场外加工。

2) 烹饪操作料理台、炉灶锅具等相关设备工具。

3) 盛器（特殊盛器自备）。

(2) 操作内容。烹制菜肴"榨菜肉丝蛋汤"。

(3) 操作要求

1) 操作过程。原料可在场外加工，必须现场烹制；操作熟练、规范、卫生、安全，遵守考场纪律，不超时。

2) 成品要求。色泽：汤汁清澈，肉丝洁白，榨菜青黄，蛋片金黄；形态：汤汁八成满，肉丝长短粗细相仿，榨菜丝火柴梗粗细，原料数量正确，汤碗大小适宜；香味：汤汁清香四溢，榨菜香气重，肉丝清香足，蛋片香气浓，无不良气味；口感：汤汁咸鲜适口，肉丝清淡，榨菜微咸辣，蛋片滋味爽口；质感：原料选用新鲜，无不熟现象，榨菜丝脆嫩，肉丝软韧，蛋片滑嫩，汤汁鲜醇可口。

2. 评分表

试题代码及名称			3.4.6 烹制榨菜肉丝蛋汤		考核时间		12 min				
序号	评价要素	配分	等级	评分细则	评定等级					得分
					A	B	C	D	E	
1	色泽： (1) 汤汁清澈 (2) 肉丝洁白 (3) 榨菜青黄 (4) 蛋片金黄	2	A	符合要求						
			B	符合3项要求						
			C	符合2项要求						
			D	符合1项要求						
			E	差或未答题						
2	形态： (1) 汤汁八成满 (2) 肉丝长短粗细相仿 (3) 榨菜丝火柴梗粗细 (4) 原料数量正确 (5) 汤碗大小适宜	2	A	符合要求						
			B	符合4项要求						
			C	符合3项要求						
			D	符合1~2项要求						
			E	差或未答题						
3	香味： (1) 汤汁清香四溢 (2) 榨菜香气重 (3) 肉丝清香足 (4) 蛋片香气浓 (5) 无不良气味	1	A	符合要求						
			B	符合4项要求						
			C	符合3项要求						
			D	符合1~2项要求						
			E	差或未答题						
4	口感： (1) 汤汁咸鲜适口 (2) 肉丝清淡 (3) 榨菜微咸辣 (4) 蛋片滋味爽口	1	A	符合要求						
			B	符合3项要求						
			C	符合2项要求						
			D	符合1项要求						
			E	差或未答题						
5	质感： (1) 原料选用新鲜，无不熟现象 (2) 榨菜丝脆嫩 (3) 肉丝软韧 (4) 蛋片滑嫩 (5) 汤汁鲜醇可口	1	A	符合要求						
			B	符合4项要求						
			C	符合3项要求						
			D	符合1~2项要求						
			E	差或未答题						

续表

试题代码及名称		3.4.6 烹制榨菜肉丝蛋汤			考核时间				12 min	
序号	评价要素	配分	等级	评分细则	评定等级					得分
					A	B	C	D	E	
6	现场操作过程： (1) 规范 (2) 熟练 (3) 卫生 (4) 安全	1	A	符合要求						
			B	符合3项要求						
			C	符合2项要求						
			D	符合1项要求						
			E	差或未答题						
合计配分		8		合计得分						

等级	A（优）	B（良）	C（及格）	D（较差）	E（差或未答题）
比值	1.0	0.8	0.6	0.2	0

"评价要素"得分＝配分×等级比值。

六、烹制成都蛋汤（试题代码：3.4.7；考核时间：12 min）

1. 试题单

(1) 操作条件

1) 原料（主料、辅料、特殊调料）自备，原料可在场外加工。

2) 烹饪操作料理台、炉灶锅具等相关设备工具。

3) 盛器。

(2) 操作内容。烹制菜肴"成都蛋汤"。

(3) 操作要求

1) 操作过程。原料可在场外加工，必须现场烹制；操作熟练、规范、卫生、安全，遵守考场纪律，不超时。

2) 成品要求。色泽：蛋饼中黄色，汤奶白澄清，菜心碧绿，黑木耳乌亮，笋片象牙色；形态：汤汁八成满，蛋块均匀，配料数量相匹配，菜心头削尖，汤碗大小适宜；香味：鸡蛋浓香足，配料清香，汤香四溢，无蛋焦气味；口感：汤汁咸鲜适口，蛋饼滋味浓，配料清鲜适口，无异味；质感：原料选用新鲜，蛋饼松软，配料脆嫩，汤汁醇厚，无不熟或枯焦现象。

2. 评分表

试题代码及名称			3.4.7 烹制成都蛋汤		考核时间	12 min				
序号	评价要素	配分	等级	评分细则	评定等级					得分
					A	B	C	D	E	
1	色泽： (1) 蛋饼中黄色 (2) 汤奶白澄清 (3) 菜心碧绿 (4) 黑木耳乌亮 (5) 笋片象牙色	2	A B C D E	符合要求 符合4项要求 符合3项要求 符合1~2项要求 差或未答题						
2	形态： (1) 汤汁八成满 (2) 蛋块均匀 (3) 配料数量相匹配 (4) 菜心头削尖 (5) 汤碗大小适宜	2	A B C D E	符合要求 符合4项要求 符合3项要求 符合1~2项要求 差或未答题						
3	香味： (1) 鸡蛋浓香足 (2) 配料清香 (3) 汤香四溢 (4) 无蛋焦气味	1	A B C D E	符合要求 符合3项要求 符合2项要求 符合1项要求 差或未答题						
4	口感： (1) 汤汁咸鲜适口 (2) 蛋饼滋味浓 (3) 配料清鲜适口 (4) 无异味	1	A B C D E	符合要求 符合3项要求 符合2项要求 符合1项要求 差或未答题						
5	质感： (1) 原料选用新鲜 (2) 蛋饼松软 (3) 配料脆嫩 (4) 汤汁醇厚 (5) 无不熟或枯焦现象	1	A B C D E	符合要求 符合4项要求 符合3项要求 符合1~2项要求 差或未答题						

续表

试题代码及名称			3.4.7 烹制成都蛋汤		考核时间			12 min	
序号	评价要素	配分	等级	评分细则	评定等级				得分
					A	B	C	D	E
6	现场操作过程： (1) 规范 (2) 熟练 (3) 卫生 (4) 安全	1	A	符合要求					
			B	符合3项要求					
			C	符合2项要求					
			D	符合1项要求					
			E	差或未答题					
合计配分		8	合计得分						

等级	A（优）	B（良）	C（及格）	D（较差）	E（差或未答题）
比值	1.0	0.8	0.6	0.2	0

"评价要素"得分=配分×等级比值。

第5部分

理论知识考试模拟试卷及答案

中式烹调师（五级）理论知识试卷

注 意 事 项

1. 考试时间：90 min。
2. 请首先按要求在试卷的标封处填写您的姓名、准考证号和所在单位的名称。
3. 请仔细阅读各种题目的回答要求，在规定的位置填写您的答案。
4. 不要在试卷上乱写乱画，不要在标封区填写无关的内容。

	一	二	总分
得分			

得分	
评分人	

一、判断题（第1题～第60题。将判断结果填入括号中。正确的填"√"，错误的填"×"。每题0.5分，满分30分）

1. 烹调就是烹和调的结合。（　　）
2. 烹的作用有许多，其中包括杀菌消毒和分解养料。（　　）
3. 驴肉味道鲜美，素有"天上龙肉，地下驴肉"之称。（　　）

4. 鹌鹑肥美而香，肉质细嫩，肌纤维短，比其他家禽更为鲜美可口，富有营养。
（　　）
5. 鸭蛋在烹饪中应用较广，可单独烹制，也可做成汤菜、上浆挂糊或做高档菜肴的装饰等。（　　）
6. 海产品中，大黄鱼鳞片大，嘴小而尖，刺多；小黄鱼鳞片小，嘴圆尖刺少。（　　）
7. 刀鱼产于长江中下游以及珠江一带，为名贵的洄游鱼类。（　　）
8. 基围虾是一种人工养殖的虾，常见基围虾有斑节虾和草虾两种。（　　）
9. 蜗牛蛋白质含量高，为法国、西欧等国家和地区人民喜爱的传统食品。（　　）
10. 生菜又名食茎莴苣。（　　）
11. 我国食用藕中，白花藕纤维少，味甜，品质较好。（　　）
12. 豆芽的蔬菜栽培法，为世界上最早的无土栽培法。（　　）
13. 孢子植物类包括食用菌、水生藻类及地衣类等低等植物。（　　）
14. 珧柱有一个柱心，干贝有两个柱心。（　　）
15. 牡蛎常年均有生产，但以产卵期生产的牡蛎最好。（　　）
16. 微波炉不能通电空转，且绝对不能把金属器皿放入炉内加热。（　　）
17. 叶菜类洗涤时，先切配后再用水洗涤。（　　）
18. 家禽开膛方法有股开法、肋开法和背开法3种。（　　）
19. 鳜鱼、黄鱼的鳞片下因有脂肪且味道鲜美，故不必去鳞。（　　）
20. 鸡的部位取料可以包括鸡颈、鸡胸、鸡脊背、鸡翅膀、鸡腿和鸡爪6个部位。（　　）
21. 为了烹调需要，鳝背一般不用水冲洗，而用抹布擦净血迹和黏液。（　　）
22. 将蟹黄和蟹肉混放在一起，称为蟹粉。（　　）
23. 操作过程中，刀面与砧板呈平行状态，称平刀法。（　　）
24. 拍和刮不属于刀工技法。（　　）
25. 烹调工具一般以碗柜、冰箱、调羹、碟子、盆等为主。（　　）
26. 临灶姿势：面向炉灶站立时，身体与灶台保持约30 cm距离。（　　）
27. 大翻锅出锅装盘必须保持整齐、美观的原形。（　　）
28. 油的沸点可达200℃以上。（　　）

29. 蒸汽的温度比沸水略低，所以用汽蒸的原料不易蒸酥。（   ）
30. 烹调方法中，滑炒菜和爆菜一般采用旺火，短时间加热。（   ）
31. 要根据原料质地老嫩和颜色深浅灵活调整好油温。（   ）
32. 芡汁裹住菜肴外表，既能减缓菜肴热量散发，又能增加菜肴的透明光泽度。（   ）
33. 勾芡按芡汁的稠度分为浇芡和薄芡两大类。（   ）
34. 勾芡中，薄芡可分为琉璃芡和糊芡两种。（   ）
35. 调味就是调和滋味。（   ）
36. 甜味是调味中的基准味。（   ）
37. 原料在加热前调味，称为基本调味。（   ）
38. 调味品应做到先进先用，控制数量，分类储存。（   ）
39. 常用盛器不包括腰盆、圆盆、汤盆、沙锅等。（   ）
40. 菜肴装盆应掌握盛具与菜肴数量、品种、色彩、价值相配合的原则。（   ）
41. 冷盆拼摆的手法有排、堆、叠、围、摆、覆。（   ）
42. 焯水就是把原料放入水锅中加热至酥烂。（   ）
43. 为了保持口感脆嫩和色泽鲜艳，植物性原料必须放入沸水锅焯水。（   ）
44. 走油必须用多油量的冷油锅。（   ）
45. 上色能增加原料的色泽。（   ）
46. 汽蒸能更有效地保持原料营养和原汁原味。（   ）
47. 糊浆处理就是在原料表面包裹上一层滑性的糊浆或粉浆。（   ）
48. 拍粉就是在经过调味的原料表面均匀地撒或按上一层面粉、淀粉或面包粉。（   ）
49. 配菜是将刀工处理好的原料或经整理、初加工后的原料有机组合在一起。（   ）
50. 原料的外形取决于刀工，而菜肴整体外观则由配菜来决定。（   ）
51. 单一料是指由一种配料构成的菜肴。（   ）
52. 排菜的主要任务包括调整好上菜次序、派菜程序和原料的初加工等。（   ）
53. 饮食业个人卫生要做到"四勤"，即勤洗手、剪指甲、勤洗澡理发、勤洗衣被、勤换工作服。（   ）
54. 化学中毒分为砷中毒、铅中毒、锌中毒和亚硝酸盐中毒等。（   ）

55. 食用有毒动物中毒是吃了有毒畜、禽或水产品，如河豚。　　　　　（　　）
56. 厨房中引起火灾的主要有油、煤气、电等危险因素。　　　　　　（　　）
57. 正确的刀工操作姿势是：两脚呈八字步，上身略向前倾，自然放松。（　　）
58. "炒"是以油或油与金属为主要传热介质，将小型原料用中、旺火在较短时间内加热成熟，调味成菜的烹调方法。　　　　　　　　　　　　　　（　　）
59. "熘"可以分为脆熘、软熘、滑熘等。　　　　　　　　　　　　　（　　）
60. 冬季的糟货是增进食欲的理想佳肴。　　　　　　　　　　　　　（　　）

得分	
评分人	

二、单项选择题（第1题～第70题。选择一个正确的答案，将相应的字母填入题内的括号中。每题1分，满分70分）

1. 食物原料经（　　），并使之成熟即为烹饪。
　　A. 加热　　　　B. 清洗　　　　C. 整理　　　　D. 刀工处理
2. 调的作用是（　　）、增美味、定口味及添色彩。
　　A. 杀菌消毒　　B. 分解养料　　C. 除异味　　　D. 生变熟
3. 中国菜的特点是选料广博、（　　）、烹调方法繁多、菜品丰富、特色鲜明。
　　A. 切配单一　　B. 切配复杂　　C. 切配随意　　D. 切配讲究
4. 经过育肥的绵羊，肌肉中夹有脂肪，呈（　　）。
　　A. 纯白色　　　B. 乳白色　　　C. 黄色　　　　D. 淡黄色
5. 常用家畜脏杂中，猪肝的主要特点是细胞成分多和（　　）。
　　A. 质地老韧　　B. 老而多汁　　C. 质地柔软　　D. 质地坚硬
6. 肉用鸽的最佳食用期是在出壳后（　　）天左右，此时又称乳鸽，肉质尤为细嫩，属高档烹饪原料。
　　A. 15　　　　　B. 20　　　　　C. 25　　　　　D. 30
7. 海鳗肉质细嫩，富含（　　），为上等食用鱼类之一。
　　A. 蛋白质　　　B. 脂肪　　　　C. 矿物质　　　D. 维生素
8. 一般（　　）只虾重量达到0.5 kg为对虾，低于此者为虾线。

A. 5   B. 6   C. 7   D. 8

9. 泥鳅蛋白质含量达（　　）以上，营养丰富，为出口水产品之一。

  A. 22%   B. 32%   C. 42%   D. 52%

10. 银鱼肉质嫩软，味鲜美，可食率达（　　）。

  A. 100%   B. 98%   C. 95%   D. 90%

11. 鲢鱼肉软嫩，（　　）高，易变质，宜红烧或醋熘。

  A. 含蛋白质   B. 含脂肪   C. 含水量   D. 含维生素

12. 虾蛄肉质鲜甜嫩滑，以（　　）卵成熟为块状时最佳。

  A. 春季   B. 夏季   C. 秋季   D. 冬季

13. （　　）营养丰富，被誉为"海中鸡蛋"。

  A. 牡蛎   B. 文蛤   C. 海螺   D. 贻贝

14. 洋葱中（　　）最耐储存，品质最好。

  A. 青皮洋葱   B. 红皮洋葱   C. 黄皮洋葱   D. 白皮洋葱

15. 黄瓜中的（　　）瓤小，籽少，肉质脆嫩，味清香，品质最好。

  A. 刺黄瓜   B. 鞭黄瓜   C. 短黄瓜   D. 小黄瓜

16. 四季豆为一年生草本植物，现多以（　　）作为蔬菜食用。

  A. 嫩荚   B. 种子   C. 嫩茎   D. 嫩叶

17. 植物蛋白肉是大豆经（　　）处理后提取的一种组织蛋白。

  A. 蒸煮   B. 脱脂   C. 发酵   D. 碱水

18. 以下水果中，（　　）有润肺清心、祛痰降火的功效。

  A. 苹果   B. 梨   C. 草莓   D. 樱桃

19. 每百克鲜枣中的维生素C含量在水果中占第（　　）位。

  A. 一   B. 二   C. 三   D. 四

20. 产于我国西沙群岛的（　　）是海参中最大的一种。

  A. 刺参   B. 乌参   C. 元乌参   D. 梅花参

21. 刀具根据其作用来分，一般可分为批刀、（　　）和前批后斩刀3种。

  A. 削刀   B. 牛头刀   C. 马头刀   D. 斩刀

22. 微波炉不能（　　）空转，且绝对不能把金属器皿放入炉内加热。
   A. 通电　　　　B. 通水　　　　C. 通气　　　　D. 通光

23. 叶菜类洗涤时，先用冷水浸泡一会儿再（　　），最后进行切配加工。
   A. 洗涤　　　　B. 烫一下　　　C. 配菜　　　　D. 消毒

24. 家禽开膛方法有（　　）、肋开法和背开法3种。
   A. 股开法　　　B. 上开法　　　C. 下开法　　　D. 左右开法

25. 鲥鱼、（　　）的鳞片下因有脂肪且味道鲜美，故不必去鳞。
   A. 黄鱼　　　　B. 青鱼　　　　C. 鳓鱼　　　　D. 鲈鱼

26. 整鱼分档时，拆卸鱼头应在（　　）位置下刀。
   A. 背鳍　　　　B. 胸鳍　　　　C. 腹鳍　　　　D. 臀鳍

27. 沸水烫泡黄鳝时要加少量的（　　），能使肉质坚实、光洁、不宜断散。
   A. 盐　　　　　B. 糖　　　　　C. 油　　　　　D. 碱

28. 鸡分档取料，可取（　　）、胸部肉和大腿肉。
   A. 翅膀肉　　　B. 背脊肉　　　C. 里脊肉　　　D. 颈部肉

29. 刀工技法也称刀法，是将烹饪原料加工成不同（　　）的行刀技法。
   A. 形状　　　　B. 软硬度　　　C. 气味　　　　D. 颜色

30. "块"的原料成形，大体可分为（　　）、方块、劈柴块、滚料块等。
   A. 象眼块　　　B. 圆块　　　　C. 球块　　　　D. 三角块

31. "茸"是用切碎的小型原料，再采用（　　）斩得更细，现以碾碎机代替。
   A. 挂刀法　　　B. 排刀法　　　C. 推刀法　　　D. 斜刀法

32. 烤炉大部分是用砖砌成的固定炉体，用（　　）作为燃料。
   A. 煤　　　　　B. 炭　　　　　C. 电　　　　　D. 木柴

33. 小翻锅一般用左手握锅，先（　　），再后拉，不断颠翻，菜肴翻动幅度小，不出锅。
   A. 旋转　　　　B. 向右　　　　C. 向左　　　　D. 向前

34. 火力大小和（　　）的变化情况称为火候。
   A. 时间长短　　B. 火焰长短　　C. 火光颜色　　D. 以上均不正确

35. 常见的热传递有传导、（　　）、辐射和微波四大方式。
    A. 流动　　　　B. 对比　　　　C. 对称　　　　D. 对流

36. 水有极强的（　　）和溶解能力。
    A. 渗透　　　　B. 透视　　　　C. 溶化　　　　D. 调节

37. 油在传递热量时具有排水性，所以能使原料（　　）。
    A. 脱水变硬　　B. 脱水变酥　　C. 脱水变脆　　D. 脱水变嫩

38. 烹调方法中，滑炒菜、爆菜一般采用（　　），短时间加热。
    A. 微火　　　　B. 苗火　　　　C. 旺火　　　　D. 小火

39. 旺油锅原料下锅时，原料周围（　　）。
    A. 不会出现气泡　　　　　　　　B. 会出现少量气泡
    C. 会出现较多气泡　　　　　　　D. 会出现大量气泡

40. 勾芡能使汤菜融合，弥补（　　）时间烹调入味的不足。
    A. 短　　　　　B. 长　　　　　C. 较长　　　　D. 较短

41. 勾芡可使菜肴汤汁里的维生素等营养物质易于黏附在菜肴上，从而防止（　　）的流失。
    A. 纤维素　　　B. 营养素　　　C. 蛋白质　　　D. 矿物质

42. 玉米淀粉糊化后黏性足，吸水性比土豆淀粉强，有光泽，脱水后（　　）强。
    A. 滑嫩度　　　B. 脆硬度　　　C. 滑软度　　　D. 松软度

43. 一般称为包芡、立芡的，属于（　　）。
    A. 最厚芡　　　B. 较厚芡　　　C. 稀芡　　　　D. 较稀芡

44. "淋"的勾芡手法多用于（　　）、烩等菜肴，且芡汁一般为不加调味品的水粉芡。
    A. 爆　　　　　B. 滑熘　　　　C. 烧　　　　　D. 脆熘

45. （　　）在调味中的作用仅次于咸味。
    A. 酸味　　　　B. 辣味　　　　C. 鲜味　　　　D. 甜味

46. 原料在加热中调味，称为（　　）调味。
    A. 辅助　　　　B. 基础　　　　C. 基本　　　　D. 定型

47. 调味品应做到（　　），控制数量，分类储存。

A. 随进随用　　　B. 质差先用　　　C. 先进先用　　　D. 先进后用

48. 烹制（　　）时，要酌情加去腥解腻的调味品。

　　A. 鸡　　　　　B. 虾　　　　　C. 牛羊肉　　　　D. 海参

49. 常用盛器有（　　）、圆盆、汤盆（深盆）和沙锅等。

　　A. 腰盆　　　　B. 鼎　　　　　C. 甗　　　　　　D. 甑

50. 菜肴盛装要注意清洁卫生，形态丰满，整齐美观并要熟练（　　）。

　　A. 缓慢　　　　B. 稳妥　　　　C. 快速　　　　　D. 稳定

51. 菜肴装盆应掌握盛具与菜肴数量、（　　）、色彩、价值相配合的原则。

　　A. 出品率　　　B. 品味　　　　C. 品种　　　　　D. 质地

52. 冷菜拼摆形式有单拼、（　　）、三拼、什锦冷盆和花色冷盆。

　　A. 双拼　　　　B. 几何拼　　　C. 三角拼　　　　D. 五角拼

53. 烩菜的盛装，羹汤一般装至盛具容积的（　　）左右。

　　A. 90%　　　　B. 80%　　　　C. 85%　　　　　D. 95%

54. 汤菜的盛装，汤汁一般装入碗中离碗沿约（　　）cm 处为宜。

　　A. 5　　　　　B. 4　　　　　C. 3　　　　　　D. 1

55. 为了除去萝卜、冬笋和山药等原料中的苦味、涩味和（　　），应用冷水锅焯水。

　　A. 咸味　　　　B. 甜味　　　　C. 鲜味　　　　　D. 辛辣味

56. 走红能增加原料色泽，（　　），除异味，并使原料定型。

　　A. 增香味　　　B. 增甜味　　　C. 除香味　　　　D. 除鲜味

57. （　　）适用于新鲜度高、细嫩易熟不耐高温的原料或半成品原料。

　　A. 旺火沸水长时间蒸制法　　　　B. 旺火沸水短时间蒸制法
　　C. 中火沸水急剧蒸制法　　　　　D. 中火沸水徐缓蒸制法

58. 调制糊浆时一般可选用淀粉、（　　）、米粉等粉料及鸡蛋、发酵粉等其他用料。

　　A. 脆粉　　　　B. 香粉　　　　C. 面粉　　　　　D. 滑粉

59. 上浆种类一般有蛋清浆、全蛋浆、（　　）、苏打浆等。

　　A. 蛋泡浆　　　B. 麻辣浆　　　C. 酵母浆　　　　D. 干粉浆

60. 拍粉可分为单纯拍粉，（　　），拖蛋液再黏上花生等原料。

A. 拍粉拖糖汁　　B. 拍粉拖蛋液　　C. 拍粉拖卤汁　　D. 拍粉拖酱汁

61. 所谓不分主辅料的配合，是指两种或两种以上（　　）略同的材料所构成的菜肴，其中主辅料不必加以区分。

　　A. 颜色　　　　B. 口味　　　　C. 分量　　　　D. 形态

62. 加热时间的长短与原料（　　）差异有密切关系。

　　A. 色彩的　　　B. 香味的　　　C. 质感的　　　D. 形状的

63. 排菜的流程大致可分为开档准备、实际操作和（　　）。

　　A. 结束收尾　　B. 了解供应情况　C. 准备装饰物　D. 检查菜肴是否遗漏

64. 饮食业用具实行"四过关"，其中消毒可用（　　）。

　　A. 自来水　　　B. 蒸汽或开水　　C. 矿泉水　　　D. 洗涤剂

65. 预防食物中毒的措施包括防止食品污染、控制（　　）和彻底消灭病原体。

　　A. 消毒次数　　B. 细菌繁殖　　C. 加热过度　　D. 污水排放

66. 用"焖"烹制的菜肴有油焖冬笋、（　　）等。

　　A. 成都蛋汤　　B. 糖熘鱼片　　C. 菊花鱼球　　D. 黄焖鸡

67. "爆"是（　　）原料以油为主要传热介质，在极短时间内用旺火灼烫成熟，调味成菜的烹调方法。

　　A. 韧性　　　　B. 脆性　　　　C. 松软　　　　D. 坚硬

68. "炸"所必经的高温阶段指的是（　　）油温。

　　A. 四五成　　　B. 五六成　　　C. 六七成　　　D. 七八成

69. 用"氽"烹制的菜肴有三片汤、（　　）等。

　　A. 酸辣汤　　　B. 宫保鸡丁　　C. 五彩稀卤鸡米　D. 蚝油牛肉

70. 冷菜与热菜素有"热菜气香，冷菜（　　）"之说。

　　A. 清香　　　　B. 骨香　　　　C. 淡香　　　　D. 浓香

中式烹调师（五级）理论知识试卷答案

一、判断题（第1题～第60题。将判断结果填入括号中。正确的填"√"，错误的填"×"。每题0.5分，满分30分）

1. √	2. √	3. √	4. √	5. ×	6. ×	7. √	8. √	9. √
10. ×	11. √	12. √	13. ×	14. ×	15. √	16. √	17. ×	18. √
19. √	20. ×	21. √	22. √	23. √	24. √	25. √	26. √	27. √
28. ×	29. ×	30. √	31. ×	32. √	33. √	34. ×	35. √	36. √
37. √	38. √	39. ×	40. √	41. √	42. √	43. √	44. ×	45. √
46. √	47. ×	48. √	49. √	50. √	51. ×	52. √	53. √	54. √
55. √	56. √	57. √	58. √	59. √	60. ×			

二、单项选择题（第1题～第70题。选择一个正确的答案，将相应的字母填入题内的括号中。每题1分，满分70分）

1. A	2. C	3. D	4. A	5. C	6. C	7. B	8. C	9. A
10. A	11. C	12. A	13. D	14. D	15. A	16. A	17. B	18. B
19. A	20. D	21. D	22. A	23. A	24. A	25. C	26. B	27. A
28. C	29. A	30. A	31. B	32. D	33. D	34. A	35. C	36. A
37. C	38. C	39. D	40. A	41. B	42. B	43. A	44. C	45. D
46. D	47. C	48. C	49. A	50. C	51. C	52. A	53. C	54. D
55. D	56. A	57. D	58. C	59. D	60. B	61. C	62. D	63. A
64. B	65. B	66. D	67. B	68. D	69. C	70. B		

第6部分

操作技能考核模拟试卷

注 意 事 项

1. 考生根据操作技能考核通知单中所列的试题做好考核准备。

2. 请考生仔细阅读试题单中具体考核内容和要求，并按要求完成操作或进行笔答或口答，若有笔答请考生在答题卷上完成。

3. 操作技能考核时要遵守考场纪律，服从考场管理人员指挥，以保证考核安全顺利进行。

注：操作技能鉴定试题评分表及答案是考评员对考生考核过程及考核结果的评分记录表，也是评分依据。

国家职业资格鉴定

中式烹调师（五级）操作技能考核通知单

姓名：

准考证号：

考核日期：

试题 1

试题代码：1.1.1。

试题名称：青鱼分档出骨。

考核时间：8 min。

配分：10 分。

试题 2

试题代码：1.2.3。

试题名称：加工鱼米。

考核时间：10 min。

配分：10 分。

试题 3

试题代码：1.3.3。

试题名称：加工土豆片。

考核时间：8 min。

配分：8 分。

试题 4

试题代码：1.4.3。

试题名称：剞墨鱼卷。

考核时间：10 min。

配分：8 分。

试题 5

试题代码：2.1.3。

试题名称：制作螺旋形黄瓜。

考核时间：10 min。

配分：7 分。

试题 6

试题代码：2.2.1。

试题名称：制作双拼冷盆。

考核时间：15 min。

配分：7 分。

试题 7

试题代码：3.1.1。

试题名称：烹制青椒肉丝。

考核时间：30 min。

配分：18 分。

试题 8

试题代码：3.2.1。

试题名称：烹制红烧肚档。

考核时间：12 min。

配分：12 分。

试题 9

试题代码：3.3.1。

试题名称：烹制椒盐排条。

考核时间：12 min。

配分：12 分。

试题 10

试题代码：3.4.1。

试题名称：烹制肉丝豆腐羹。

考核时间：12 min。

配分：8 分。

中式烹调师（五级）操作技能鉴定

试 题 单

试题代码：1.1.1。

试题名称：青鱼分档出骨。

考核时间：8 min。

1. 操作条件

(1) 一条1 500 g左右的新鲜青鱼（已宰杀）（自备）。

(2) 刀工操作料理台等相关刀工设备与工具（刀具自备）。

(3) 盛器。

2. 操作内容

将青鱼分档出骨。

3. 操作要求

(1) 原料选用。选用新鲜青鱼为原料，不能带成品或半成品入场，否则即为不合格。

(2) 成品要求

1) 青鱼分档后装盆规格。鱼头，鱼尾，中段：一片鱼肉不带皮不带骨、一张鱼皮，另一片带皮连肚档，一副骨架。分档后的下脚料须一起交上来。

2) 分档出骨要求。落刀正确，刀口光滑；鱼肉形态完整，不带骨，不带皮；鱼骨上不粘肉，鱼皮完整不破；成品干净卫生。

(3) 操作过程。规范、姿势正确、卫生、安全。

中式烹调师（五级）操作技能鉴定

试题评分表及答案

考生姓名：　　　　　　准考证号：

试题代码及名称			1.1.1 青鱼分档出骨		考核时间				8 min	
序号	评价要素	配分	等级	评分细则	评定等级					得分
					A	B	C	D	E	
1	原料选用与操作过程： (1) 选用新鲜青鱼为原料 (2) 原料 1 500 g 左右 (3) 操作程序规范、姿势正确、动作熟练 (4) 卫生、安全	3	A	符合要求						
			B	符合3项要求						
			C	符合2项要求						
			D	符合1项要求						
			E	差或未答题						
2	刀工成形： (1) 成形规格。鱼头，鱼尾，中段：一片鱼肉不带皮不带骨、一张鱼皮，另一片带皮连肚档，一副骨架。分档后的下脚料须一起交上来（不符合该条要求者最高得分为D） (2) 落刀正确，刀口光滑 (3) 鱼肉完整，不带骨，不带皮 (4) 鱼骨上不粘肉，鱼皮完整不破 (5) 成品干净卫生	7	A	符合要求						
			B	符合4项要求						
			C	符合3项要求						
			D	符合1~2项要求						
			E	差或未答题						
合计配分		10		合计得分						
备注				否决项：不能带成品或半成品入场，否则即为E						

考评员：

等级	A（优）	B（良）	C（及格）	D（较差）	E（差或未答题）
比值	1.0	0.8	0.6	0.2	0

"评价要素"得分＝配分×等级比值。

中式烹调师（五级）操作技能鉴定

试 题 单

试题代码：1.2.3。

试题名称：加工鱼米。

考核时间：10 min。

1. 操作条件

(1) 带皮青鱼肉 200 g（自备）。

(2) 刀工操作料理台等相关刀工设备与工具（刀具自备）。

(3) 盛器。

2. 操作内容

将鱼肉加工成片。

3. 操作要求

(1) 原料选用。选用新鲜青鱼肉为原料，不能带成品或半成品入场，否则即为不合格。

(2) 成品要求。鱼米成品 120 g 及以上；呈 0.25～0.3 cm 立方体，大小一致，整齐划一；刀口光洁，不连刀，不带皮，碎粒少；成品干净卫生。

(3) 操作过程。规范、姿势正确、卫生、安全。

中式烹调师（五级）操作技能鉴定

试题评分表及答案

考生姓名：　　　　　　　　准考证号：

序号	评价要素	配分	等级	评分细则	评定等级 A B C D E	得分
	试题代码及名称		1.2.3 加工鱼米		考核时间	10 min
1	原料选用与操作过程： （1）选用新鲜带皮青鱼肉为原料 （2）原料 200 g （3）操作程序规范、姿势正确、动作熟练 （4）卫生、安全	3	A	符合要求		
			B	符合 3 项要求		
			C	符合 2 项要求		
			D	符合 1 项要求		
			E	差或未答题		
2	刀工成形： （1）鱼米成品 120 g 及以上（不足 120 g 最高得分为 D） （2）鱼米为 0.25～0.3 cm 立方体 （3）大小均匀，整齐划一 （4）刀口光洁，不连刀，不带皮，碎粒少 （5）成品干净卫生	7	A	符合要求		
			B	符合 4 项要求		
			C	符合 3 项要求		
			D	符合 1～2 项要求		
			E	差或未答题		
	合计配分	10		合计得分		
	备注			否决项：不能带成品或半成品入场，否则即为 E		

考评员：

等级	A（优）	B（良）	C（及格）	D（较差）	E（差或未答题）
比值	1.0	0.8	0.6	0.2	0

"评价要素"得分＝配分×等级比值。

中式烹调师（五级）操作技能鉴定

试 题 单

试题代码：1.3.3。

试题名称：加工土豆片。

考核时间：8 min。

1. 操作条件

(1) 带皮土豆1个（自备）。

(2) 刀工操作料理台等相关刀工设备与工具（刀具自备）。

(3) 盛器。

2. 操作内容

将土豆加工成薄片。

3. 操作要求

(1) 操作过程。规范、姿势正确、卫生、安全。不能带成品或半成品入场，否则即为不合格。

(2) 成品要求。土豆片成品20片以上；成品规格：长为7 cm，宽为2.5 cm，厚为0.03 cm；片形光滑、均匀、完整、无连刀；成品干净卫生。

中式烹调师（五级）操作技能鉴定
试题评分表及答案

考生姓名：　　　　　　　　　准考证号：

试题代码及名称			1.3.3　加工土豆片		考核时间				8 min
序号	评价要素	配分	等级	评分细则	评定等级				得分
					A	B	C	D	E	
1	原料选用与操作过程： （1）土豆1个 （2）操作规范 （3）姿势正确、动作熟练 （4）卫生、安全	2	A	符合要求						
			B	符合3项要求						
			C	符合2项要求						
			D	符合1项要求						
			E	差或未答题						
2	刀工成形： （1）土豆片成品20片以上（不足20片最高得分为D） （2）成品规格：长为7 cm，宽为2.5 cm，厚为0.03 cm （3）片形光滑、均匀、完整 （4）无连刀 （5）成品干净卫生	6	A	符合要求						
			B	符合4项要求						
			C	符合3项要求						
			D	符合1~2项要求						
			E	差或未答题						
合计配分		8		合计得分						
备注				否决项：不能带成品或半成品入场，否则即为E						

考评员：

等级	A（优）	B（良）	C（及格）	D（较差）	E（差或未答题）
比值	1.0	0.8	0.6	0.2	0

"评价要素"得分＝配分×等级比值。

中式烹调师（五级）操作技能鉴定

试 题 单

试题代码：1.4.3。

试题名称：剞墨鱼卷。

考核时间：10 min。

1. 操作条件

（1）墨鱼卷2只（自备）。

（2）刀工操作料理台等相关刀工设备与工具（刀具自备）。

（3）开水锅（用于烫墨鱼卷）。

（4）盛器。

2. 操作内容

（1）剞墨鱼卷。

（2）烫墨鱼卷。

3. 操作要求

（1）操作过程。规范、姿势正确、卫生、安全。不能带成品或半成品入场，否则即为不合格。

（2）成品要求。墨鱼卷成品12个；呈荔枝形，花形完整，卷曲美观；刀距相等，深浅一致；瓣粒均匀，大小一致；成品干净卫生。

中式烹调师（五级）操作技能鉴定

试题评分表及答案

考生姓名：　　　　　　　准考证号：

序号	评价要素	配分	等级	评分细则	评定等级 A B C D E	得分
	试题代码及名称		1.4.3	剖墨鱼卷	考核时间　10 min	
1	原料选用与操作过程： (1) 墨鱼2只 (2) 操作规范 (3) 姿势正确、动作熟练 (4) 卫生、安全	2	A B C D E	符合要求 符合3项要求 符合2项要求 符合1项要求 差或未答题		
2	刀工成形： (1) 墨鱼卷成品12个（不足10个最高得分为D） (2) 呈荔枝形，花形完整，卷曲美观 (3) 刀距相等，深浅一致 (4) 瓣粒均匀，大小一致 (5) 成品干净卫生	6	A B C D E	符合要求 符合4项要求 符合3项要求 符合1~2项要求 差或未答题		
	合计配分	8		合计得分		
	备注			否决项：不能带成品或半成品入场，否则即为E		

考评员：

等级	A（优）	B（良）	C（及格）	D（较差）	E（差或未答题）
比值	1.0	0.8	0.6	0.2	0

"评价要素"得分＝配分×等级比值。

中式烹调师（五级）操作技能鉴定

试 题 单

试题代码：2.1.3。

试题名称：制作螺旋形黄瓜。

考核时间：10 min。

1. 操作条件

(1) 黄瓜 400 g（自备）。

(2) 刀工操作料理台等相关刀工设备与工具（刀具自备）。

(3) 盛器。

2. 操作内容

制作"螺旋形黄瓜"冷盆。

3. 操作要求

(1) 操作过程。规范、姿势正确、卫生、安全。不能带成品或半成品入场，否则即为不合格。

(2) 成品要求。呈螺旋形；装盘饱满美观；连接自如；刀口均匀，收口小；成品安全卫生。

中式烹调师（五级）操作技能鉴定

试题评分表及答案

考生姓名：　　　　　　准考证号：

试题代码及名称			2.1.3　制作螺旋形黄瓜			考核时间	10 min
序号	评价要素	配分	等级	评分细则	评定等级 A B C D E		得分
1	原料选用与操作过程： (1) 黄瓜 400 g (2) 操作程序规范 (3) 姿势正确、动作熟练 (4) 卫生、安全	2	A B C D E	符合要求 符合3项要求 符合2项要求 符合1项要求 差或未答题			
2	刀工成形： (1) 呈螺旋形 (2) 连接自如 (3) 刀口均匀，收口小 (4) 装盘饱满美观 (5) 成品干净卫生	5	A B C D E	符合要求 符合4项要求 符合3项要求 符合1~2项要求 差或未答题			
合计配分		7		合计得分			
备注			否决项：不能带成品或半成品入场，否则即为 E				
						考评员：	

等级	A（优）	B（良）	C（及格）	D（较差）	E（差或未答题）
比值	1.0	0.8	0.6	0.2	0

"评价要素"得分＝配分×等级比值。

中式烹调师（五级）操作技能鉴定

试 题 单

试题代码：2.2.1。

试题名称：制作双拼冷盆。

考核时间：15 min。

1. 操作条件

(1) 冷盆制作原料（已烹调）（自备）。

(2) 刀工操作料理台等相关刀工设备与工具（刀具自备）。

(3) 盛器（8寸盆）。

2. 操作内容

制作双拼冷盆。

3. 操作要求

(1) 原料选用。两种冷拼原料（一荤一素），与单拼原料不重复。

(2) 操作过程。规范、姿势正确、卫生、安全。不能带成品或半成品入场，否则即为不合格。

(3) 成品要求。原料搭配适当；色彩搭配合理、美观；刀工整齐；装盘丰满美观；成品安全卫生。

中式烹调师（五级）操作技能鉴定

试题评分表及答案

考生姓名：　　　　　　　　准考证号：

试题代码及名称			2.2.1 制作双拼冷盆		考核时间				15 min	
序号	评价要素	配分	等级	评分细则	评定等级					得分
					A	B	C	D	E	
1	原料选用与操作过程： (1) 两种冷拼原料 (2) 与单拼原料不重复 (3) 操作程序规范、姿势正确、动作熟练 (4) 卫生、安全	2	A	符合要求						
			B	符合3项要求						
			C	符合2项要求						
			D	符合1项要求						
			E	差或未答题						
2	刀工成形： (1) 原料搭配适当 (2) 色彩搭配合理、美观 (3) 刀工整齐 (4) 装盘丰满美观 (5) 成品安全卫生	5	A	符合要求						
			B	符合4项要求						
			C	符合3项要求						
			D	符合1~2项要求						
			E	差或未答题						
合计配分		7		合计得分						
备注				否决项：不能带成品或半成品入场，否则即为E						

考评员：

等级	A（优）	B（良）	C（及格）	D（较差）	E（差或未答题）
比值	1.0	0.8	0.6	0.2	0

"评价要素"得分＝配分×等级比值。

中式烹调师（五级）操作技能鉴定

试 题 单

试题代码：3.1.1。

试题名称：烹制青椒肉丝。

考核时间：30 min。

1. 操作条件

(1) 原料（主料、辅料、特殊调料）自备。

(2) 烹饪操作料理台、炉灶锅具等相关设备工具。

(3) 盛器。

2. 操作内容

制作菜肴"青椒肉丝"。

(1) 原料刀工处理等。

(2) 上浆。

(3) 烹制菜肴。

(4) 装盆。

3. 操作要求

(1) 必须在现场将肉丝刀工成形，现场上浆。不能带成品或半成品入场，否则即为不合格。

(2) 操作熟练、规范、卫生、安全，遵守考场纪律，不超时。

(3) 成品要求。色泽：肉丝洁白，青椒碧绿，芡汁紧包有光亮，明油恰当，无焦黑点；形态：肉丝长度粗细符合标准，青椒丝长度粗细相配，主料（150 g）、配料（50 g）数量及比例正确，肉丝无结团、碎粒现象，盛装器皿选用正确，装盘圆润饱满；香味：清香气味浓，肉丝无腥气味，青椒无腐烂气味，无枯焦气味；口感：肉丝上浆基本味适口，卤汁咸鲜适宜，青椒丝无辣味，无异味；质感：肉丝选料新鲜，青椒丝脆嫩，肉丝口感滑嫩，无不熟或枯焦现象。

中式烹调师（五级）操作技能鉴定

试题评分表及答案

考生姓名：　　　　　　　　准考证号：

试题代码及名称		3.1.1 烹制青椒肉丝		考核时间					30 min
序号	评价要素	配分	等级	评分细则	评定等级				得分
					A	B	C	D	E	
1	色泽： (1) 肉丝洁白 (2) 青椒碧绿 (3) 芡汁紧包有光亮 (4) 明油恰当 (5) 无焦黑点	3	A B C D E	符合要求 符合4项要求 符合3项要求 符合1~2项要求 差或未答题						
2	形态： (1) 肉丝长度粗细符合标准 (2) 青椒丝长度粗细相配 (3) 主料配料数量及比例正确 (4) 肉丝无结团、碎粒现象 (5) 盛装器皿选用正确 (6) 装盘圆润饱满	4	A B C D E	符合要求 符合5项要求 符合3~4项要求 符合1~2项要求 差或未答题						
3	香味： (1) 清香气味浓 (2) 肉丝无腥气味 (3) 青椒无腐烂气味 (4) 无枯焦气味	3	A B C D E	符合要求 符合3项要求 符合2项要求 符合1项要求 差或未答题						
4	口感： (1) 肉丝上浆基本味适口 (2) 卤汁咸鲜味适宜 (3) 青椒丝无辣味 (4) 无异味	3	A B C D E	符合要求 符合3项要求 符合2项要求 符合1项要求 差或未答题						

续表

试题代码及名称			3.1.1 烹制青椒肉丝			考核时间		30 min
序号	评价要素	配分	等级	评分细则	\multicolumn{4}{c}{评定等级}	得分

序号	评价要素	配分	等级	评分细则	A	B	C	D	E	得分
5	质感： （1）肉丝选料新鲜 （2）青椒丝脆嫩 （3）肉丝口感滑嫩 （4）无不熟或枯焦现象	3	A	符合要求						
			B	符合3项要求						
			C	符合2项要求						
			D	符合1项要求						
			E	差或未答题						
6	现场操作过程： （1）规范 （2）熟练 （3）卫生 （4）安全	2	A	符合要求						
			B	符合3项要求						
			C	符合2项要求						
			D	符合1项要求						
			E	差或未答题						
合计配分		18		合计得分						
备注			否决项：肉丝必须现场加工，不能带成品或半成品入场，否则即为E						

考评员：

等级	A（优）	B（良）	C（及格）	D（较差）	E（差或未答题）
比值	1.0	0.8	0.6	0.2	0

"评价要素"得分＝配分×等级比值。

中式烹调师（五级）操作技能鉴定

试 题 单

试题代码：3.2.1。

试题名称：烹制红烧肚档。

考核时间：12 min。

1. 操作条件

（1）原料（主料、辅料、特殊调料）自备，原料可在场外加工。

（2）烹饪操作料理台、炉灶锅具等相关设备工具。

（3）盛器。

2. 操作内容

烹制菜肴"红烧肚档"。

3. 操作要求

（1）操作过程。原料可在场外加工，必须现场烹制；操作熟练、规范、卫生、安全，遵守考场纪律，不超时。

（2）成品要求。色泽：酱红光亮，鱼身滑润有光泽、上色适宜，酱油用量恰当，煎制上色正确；形态：似佛手形，形态完整、不碎，长度符合要求，改刀方向正确，块形大小相仿，装盆鱼皮朝上、卤汁量适宜；香味：葱、姜运用恰当、香味浓，料酒使用正确，无腥膻气味，无枯焦味；口感：咸中带甜，咸味控制恰当，用糖比例正确，味精用量适度，无异味；质感：鱼肉鲜嫩，鱼无变质现象，预制方法正确，火候掌握恰当，勾芡厚薄适度。

中式烹调师（五级）操作技能鉴定

试题评分表及答案

考生姓名：　　　　　　　准考证号：

试题代码及名称		3.2.1 烹制红烧肚档		考核时间				12 min	
序号	评价要素	配分	等级	评分细则	评定等级				得分
					A	B	C	D	E
1	色泽： (1) 酱红光亮 (2) 鱼身滑润有光泽 (3) 鱼身上色适宜 (4) 酱油用量恰当 (5) 煎制上色正确	2	A	符合要求					
			B	符合4项要求					
			C	符合3项要求					
			D	符合1~2项要求					
			E	差或未答题					
2	形态： (1) 似佛手形，形态完整、不碎 (2) 长度符合要求 (3) 改刀方向正确 (4) 改刀块形大小相仿 (5) 装盆鱼皮朝上、卤汁量适宜	3	A	符合要求					
			B	符合4项要求					
			C	符合3项要求					
			D	符合1~2项要求					
			E	差或未答题					
3	香味： (1) 葱、姜运用恰当、香味浓 (2) 料酒使用正确 (3) 无腥膻气味 (4) 无枯焦味	2	A	符合要求					
			B	符合3项要求					
			C	符合2项要求					
			D	符合1项要求					
			E	差或未答题					
4	口感： (1) 咸中带甜 (2) 咸味控制恰当 (3) 用糖比例正确 (4) 味精用量适度 (5) 无异味	2	A	符合要求					
			B	符合4项要求					
			C	符合3项要求					
			D	符合1~2项要求					
			E	差或未答题					

续表

试题代码及名称		3.2.1 烹制红烧肚档			考核时间				12 min	
序号	评价要素	配分	等级	评分细则	评定等级					得分
					A	B	C	D	E	
5	质感： (1) 鱼肉鲜嫩 (2) 鱼无变质现象 (3) 预制方法正确 (4) 火候掌握恰当 (5) 勾芡厚薄适度	2	A	符合要求						
			B	符合 4 项要求						
			C	符合 3 项要求						
			D	符合 1~2 项要求						
			E	差或未答题						
6	现场操作过程： (1) 规范 (2) 熟练 (3) 卫生 (4) 安全	1	A	符合要求						
			B	符合 3 项要求						
			C	符合 2 项要求						
			D	符合 1 项要求						
			E	差或未答题						
合计配分		12		合计得分						

考评员：

等级	A（优）	B（良）	C（及格）	D（较差）	E（差或未答题）
比值	1.0	0.8	0.6	0.2	0

"评价要素"得分=配分×等级比值。

中式烹调师（五级）操作技能鉴定

试 题 单

试题代码：3.3.1。

试题名称：烹制椒盐排条。

考核时间：12 min。

1. 操作条件

(1) 原料（主料、辅料、特殊调料）自备，原料可在场外加工。

(2) 烹饪操作料理台、炉灶锅具等相关设备工具。

(3) 盛器。

2. 操作内容

烹制菜肴"椒盐排条"。

3. 操作要求

(1) 操作过程。原料可在场外加工，必须现场烹制；操作熟练、规范、卫生、安全，遵守考场纪律，不超时。

(2) 成品要求。色泽：排条表面金黄、光亮，排条挂糊均匀，葱花碧绿；形态：排条7 cm长，1 cm见方，排条长短粗细相仿，排条数量符合要求，盛器选用适宜，装盘美观大方；香味：麻油香气浓郁，葱花四溢，椒香浓郁，排条清香，无枯焦气味；口感：排条基本味适口，椒盐用量恰当，葱花适量，无异味；质感：原料选用新鲜，复炸油量恰当，排条外脆里嫩，无不熟或枯焦现象。

中式烹调师（五级）操作技能鉴定
试题评分表及答案

考生姓名：　　　　　　准考证号：

试题代码及名称			3.3.1 烹制椒盐排条		考核时间			12 min	
序号	评价要素	配分	等级	评分细则	评定等级				得分
					A	B	C	D	E
1	色泽： (1) 排条表面金黄 (2) 排条表面光亮 (3) 排条挂糊均匀 (4) 葱花碧绿	2	A	符合要求					
			B	符合3项要求					
			C	符合2项要求					
			D	符合1项要求					
			E	差或未答题					
2	形态： (1) 排条规格：7 cm长，1 cm见方 (2) 排条长短粗细相仿 (3) 排条数量符合要求 (4) 盛器选用适宜 (5) 装盘美观大方	3	A	符合要求					
			B	符合4项要求					
			C	符合3项要求					
			D	符合1~2项要求					
			E	差或未答题					
3	香味： (1) 麻油香气浓郁 (2) 葱花四溢 (3) 椒香浓郁 (4) 排条清香 (5) 无枯焦气味	2	A	符合要求					
			B	符合4项要求					
			C	符合3项要求					
			D	符合1~2项要求					
			E	差或未答题					
4	口感： (1) 排条基本味适口 (2) 椒盐用量恰当 (3) 葱花适量 (4) 无异味	2	A	符合要求					
			B	符合3项要求					
			C	符合2项要求					
			D	符合1项要求					
			E	差或未答题					

续表

试题代码及名称			3.3.1 烹制椒盐排条		考核时间			12 min
序号	评价要素	配分	等级	评分细则	评定等级			得分
					A B	C	D E	
5	质感： (1) 原料选用新鲜 (2) 复炸油量恰当 (3) 排条外脆里嫩 (4) 无不熟或枯焦现象	2	A	符合要求				
			B	符合3项要求				
			C	符合2项要求				
			D	符合1项要求				
			E	差或未答题				
6	现场操作过程： (1) 规范 (2) 熟练 (3) 卫生 (4) 安全	1	A	符合要求				
			B	符合3项要求				
			C	符合2项要求				
			D	符合1项要求				
			E	差或未答题				
合计配分		12		合计得分				

考评员：

等级	A（优）	B（良）	C（及格）	D（较差）	E（差或未答题）
比值	1.0	0.8	0.6	0.2	0

"评价要素"得分＝配分×等级比值。

中式烹调师（五级）操作技能鉴定

试 题 单

试题代码：3.4.1。

试题名称：烹制肉丝豆腐羹。

考核时间：12 min。

1. 操作条件

(1) 原料（主料、辅料、特殊调料）自备，原料可在场外加工。

(2) 烹饪操作料理台、炉灶锅具等相关设备工具。

(3) 盛器（特殊盛器自备）。

2. 操作内容

烹制菜肴"肉丝豆腐羹"。

3. 操作要求

(1) 操作过程。原料可在场外加工，必须现场烹制；操作熟练、规范、卫生、安全，遵守考场纪律，不超时。

(2) 成品要求。色泽：汤汁微红，豆腐白亮，肉丝微白，明油适量；形态：豆腐丁 1.5 cm 见方且大小相同，豆腐丁数量符合标准，肉丝长短粗细一致且肉丝数量适宜，盛器选用适宜，堆装八成满；香味：豆腐香气浓郁，肉丝清香，汤汁酱香足，无不良气味；口感：汤汁咸鲜适口，肉丝清淡，豆腐滋味浓郁，无异味；质感：原料选用新鲜、豆腐滑嫩，肉丝软韧，汤汁醇厚，无不熟现象。

中式烹调师（五级）操作技能鉴定

试题评分表及答案

考生姓名：　　　　　　准考证号：

试题代码及名称			3.4.1　烹制肉丝豆腐羹		考核时间			12 min	
序号	评价要素	配分	等级	评分细则	评定等级				得分
					A	B	C	D	E	
1	色泽： （1）汤汁微红 （2）豆腐白亮 （3）肉丝微白 （4）明油适量	2	A	符合要求						
			B	符合3项要求						
			C	符合2项要求						
			D	符合1项要求						
			E	差或未答题						
2	形态： （1）豆腐丁1.5 cm见方且大小相同 （2）豆腐丁数量符合标准 （3）肉丝长短粗细一致且肉丝数量适宜 （4）盛器选用适宜 （5）堆装八成满	2	A	符合要求						
			B	符合4项要求						
			C	符合3项要求						
			D	符合1~2项要求						
			E	差或未答题						
3	香味： （1）豆腐香气浓郁 （2）肉丝清香 （3）汤汁酱香足 （4）无不良气味	1	A	符合要求						
			B	符合3项要求						
			C	符合2项要求						
			D	符合1项要求						
			E	差或未答题						
4	口感： （1）汤汁咸鲜适口 （2）肉丝清淡 （3）豆腐滋味浓郁 （4）无异味	1	A	符合要求						
			B	符合3项要求						
			C	符合2项要求						
			D	符合1项要求						
			E	差或未答题						

续表

试题代码及名称			3.4.1 烹制肉丝豆腐羹			考核时间		12 min	
序号	评价要素	配分	等级	评分细则	评定等级				得分
					A	B	C	D	E	
5	质感： (1) 原料选用新鲜 (2) 豆腐滑嫩 (3) 肉丝软韧 (4) 汤汁醇厚 (5) 无不熟现象	1	A	符合要求						
			B	符合4项要求						
			C	符合3项要求						
			D	符合1~2项要求						
			E	差或未答题						
6	现场操作过程： (1) 规范 (2) 熟练 (3) 卫生 (4) 安全	1	A	符合要求						
			B	符合3项要求						
			C	符合2项要求						
			D	符合1项要求						
			E	差或未答题						
合计配分		8		合计得分						

考评员：

等级	A（优）	B（良）	C（及格）	D（较差）	E（差或未答题）
比值	1.0	0.8	0.6	0.2	0

"评价要素"得分＝配分×等级比值。